超限高层建筑结构
常见问题解答与设计实战

PKPM、YJK、MIDAS软件应用

鞠小奇　罗　强　庄　伟◎编

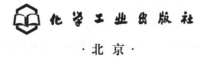

化学工业出版社

·北京·

内 容 提 要

本书主要解答一些超限建筑结构常见问题，并结合常用软件 PKPM、 YJK、 MIDAS 等，通过实例来讲述超限建筑结构的设计思路和流程。主要包括以下内容：超限设计思路，超限设计的判别及设计针对措施，超限性能设计，超限性能设计针对措施实例，超限小震弹性分析（反应谱法及时程分析方法），超限大震弹塑性分析，超限专项分析，并含超限高层结构实操案例一项（发邮件获取）。

本书可供从事建筑结构设计的结构工程师及高等院校相关专业学生参考使用。

图书在版编目（CIP）数据

超限高层建筑结构常见问题解答与设计实战：PKPM、YJK、MIDAS 软件应用/鞠小奇，罗强，庄伟编 .—北京：化学工业出版社，2019.12（2022.1重印）

ISBN 978-7-122-35504-1

Ⅰ.①超⋯ Ⅱ.①鞠⋯②罗⋯③庄⋯ Ⅲ.①高层建筑-建筑结构-结构设计 Ⅳ.①TU973

中国版本图书馆 CIP 数据核字（2019）第 247357 号

责任编辑：刘丽菲　　　　　　　　　　　文字编辑：汲永臻
责任校对：盛　琦　　　　　　　　　　　装帧设计：史利平

出版发行：化学工业出版社（北京市东城区青年湖南街 13 号　邮政编码 100011）

印　　装：北京印刷集团有限责任公司

787mm×1092mm　1/16　印张 11¾　字数 286 千字　　2022 年 1 月北京第 1 版第 2 次印刷

购书咨询：010-64518888　　　　　　　　售后服务：010-64518899
网　　址：http://www.cip.com.cn

凡购买本书，如有缺损质量问题，本社销售中心负责调换。

定　　价：68.00 元

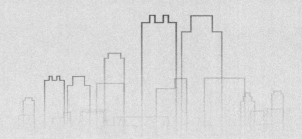

前言

　　超限建筑是指超过规范要求限制的建筑，如高度超高、跨度大、体型复杂、结构异常等规范和规程没有包含的建筑。近年来，随着经济、文化的快速发展，超限建筑越来越多。早在2002年建设部发布了《超限高层建筑工程抗震设防管理规定》，明确了在各省、自治区、直辖市对此类工程管理，并应由相应省级建设行政主管部门负责，若要在抗震设防区内进行超限高层建筑工程建设，建设单位应在初步设计阶段向当地省级建设行政主管部门提出专项报告。由此可见，超限建筑设计是非常重要的，需要对个体进行特殊设计。

　　对于刚接触超限建筑结构设计的读者来讲，如何建立基本的超限结构概念，了解超限设计背后的本质，并能够上机操作，完成超限设计工作，是非常迫切的。掌握超限设计的思路及流程需要了解超限设计的基本理论及规范规定，同时还需要丰富的设计经验。本书通过对基本理论、规范规定、实际工程与软件操作的介绍，通过问答的形式，可使超限高层结构设计的入门者建立起基本概念，能进行基本的超限分析判断，并能够通过 PKPM、 YJK、MIDAS Gen 与MIDAS Building 等软件完成超限设计工作。全书通过八个部分：超限设计思路、超限设计的判别及设计针对措施、超限性能设计、超限性能设计针对措施实例、超限小震弹性分析（反应谱法及时程分析方法）、超限大震弹塑性分析、超限专项分析、超限高层结构实操案例，循序渐进地介绍。为使读者系统了解超限建筑送审要求，本书还配套超限高层建筑抗震设防审查送审文件，可发邮件至 cxgccip @163. com 获取。

　　本书全文由鞠小奇、罗强及庄伟编写，在书的编写过程中参考了大量的书籍、文献，同时得到了北京市建筑设计研究院戴夫聪，华阳国际设计集团（长沙）田伟、吴应昊，中机国际有限公司（原机械工业第八设计研究院）罗炳贵、廖平平、吴建高，中国轻工业长沙工程有限公司张露、余宽，湖南省建筑设计研究院黄子瑜，广东博意建筑设计院长沙分公司黄喜新，湖南方圆建筑工程设计有限公司姜亚鹏、陈荔枝，北京清城华筑建筑设计研究院徐珂，香港邵贤伟建筑结构事务所顾问唐习龙，中科院建筑设计研究院有限公司（上海）鲁钟富，淄博格匠设计顾问公司徐传亮，广州容柏生建筑结构设计事务所、广州老庄结构院邓孝祥的帮助和鼓励，同行邬亮、余宏、李恒通、苗峰、庄波、廖平平、刘强、谢杰光、张露、彭汶、李子运、李佳瑶、姚松学、文艾、谢东江、郭枫、李伟、邱杰、杨志、苏霞、谭细生等参与了全书内容的收集、编写及图片绘制，在此表示感谢。

　　由于笔者理论水平和实践经验有限，再加上时间紧迫，书中难免存在不足之处，恳请读者批评指正。

编者

2020 年 5 月

目 录

第 8 章　超限高层结构实操案例

参考文献

第**1**章

超限设计思路

1.1 超限设计包含哪些内容?

答: 超限设计,以 PKPM 为例,先计算小震弹性作用下的地震力、设计指标(周期比、位移比、轴压比、剪重比等)及内力配筋(小震正截面的弹性计算、小震斜截面的弹性计算等);计算完成后,根据设置的性能目标,进行关键构件的中震弹性或不屈服设计、关键构件的大震不屈服设计。中震及大震的计算,是修改 SATWE 中的几个参数(风荷载计算信息、抗震等级、水平地震影响系数最大值、周期折减系数、连梁刚度折减系数、中梁刚度增大系数,不考虑偶然偏心,不考虑外框剪力调整、剪重比调整、薄弱层调整)后的抗弯、抗剪满足设计性能目标后的 SATWE 计算结果,反映在配筋的数值上,最后与小震弹性的 SATWE 计算结果进行包络设计。

超限设计,对于钢筋混凝土结构,是由钢筋及混凝土去平衡外界的各种荷载及作用,所以不管是小震、中震还是大震,解决问题都是从钢筋与混凝土着手,也就是软件给出各种构件的钢筋面积或者手算钢筋的面积去平衡薄弱部位的不利作用。性能设计基本上都是由构件的 SATWE 计算结果去满足性能设计的要求,比如梁、柱、墙等构件的抗弯弹性或者不屈服,梁、柱、墙等构件的抗剪弹性或者不屈服,可以通过查看 SATWE 指标是不是红颜色(超筋)去判别,有些性能设计,比如控制墙肢剪压比,控制罕遇地震作用下底部加强部位墙肢平均剪应力不大于 $0.15f_{ck}$。

对于时程分析,选波是最关键的,这关系到力,而力关系到结构的各种指标,现在软件可以自己设定选波条件后进行选波。当选波后的基底剪力不满足规范要求时,现在很多设计师喜欢选择下一级别的特征周期地震波,通过放大地震力的方式去满足规范对基底剪力的要求,也可以必要时放大 $A_{\max}$。

超限设计有时要做关键构件的损伤分析,这是构件性能分析的补充,通过查看构件的损伤情况,从而确定构件的性能目标是否满足要求,通过损伤发现薄弱部位,从而采用一定的抗震措施去平衡。

对于混凝土结构,在进行超限分析时,主要抗震措施有:提高抗震等级;增大约束边缘构件的范围,控制轴压比不大于某个值;避免墙肢出现偏心受拉,控制风及小震作用下所有墙肢不出现受拉状态,对中震作用下出现受拉状态的墙肢,设置约束边缘构件;设置弱连梁,体现"强墙肢、弱连梁";控制结构扭转效应,周期比及位移比严于现行规范;加大楼板的厚度,提高楼板配筋率,双层双向;柱子配筋加强,箍筋全高加密并提高配箍率。

对于混凝土结构，在进行超限分析时，在小震作用下，查看的设计指标有：SATWE 中的计算数值是否超筋（显示红色）、周期比、位移比、剪重比、刚重比、刚度比、轴压比、受剪承载力比、最大层间位移角、墙肢内力（是否受拉）等；在中震作用下，查看的设计指标有：最大层间位移角、基底剪力、墙肢内力（是否受拉）；在大震作用下，查看的设计指标有：最大层间位移角、基底剪力、损伤、墙肢内力（是否受拉）等。查看最大层间位移角是为了确保中震、大震作用下的安全；查看基底最大剪力是根据经验做一个定性判断；查看损伤，发现薄弱部位，然后去加强（提高配筋率、加大构件截面尺寸等）；查看剪压比，控制罕遇地震作用下底部加强部位墙肢平均剪应力不大于 $0.15f_{ck}$；查看墙肢内力（是否受拉），因为受拉对构件不利。

> 《混凝土结构设计规范》（GB 50010—2000，以下简称《混规》）8.4.2 轴心受拉及小偏心受拉杆件的纵向受力钢筋不得采用绑扎搭接；其他构件中的钢筋采用绑扎搭接时，受拉钢筋直径不宜大于 25mm，受压钢筋直径不宜大于 28mm。

1.2 超限设计中"不变"的内容有哪些？

答：超限设计中"不变"的内容有加速度曲线有关的计算、超限设计的解决途径、以小震作用为基础、超限设计依据 SATWE 的配筋结果。

（1）加速度曲线有关的计算

振型分解法与时程分析法都与加速度有关，与加速度的关系分别由地震影响系数曲线（图1-1）与地震波（图1-2）体现，而加速度与力的大小有关，所以规定了振型分解法与时程分析法的加速度曲线后，软件（PKPM、YJK、MIDAS等）可以根据结构及加速度曲线，求出各种计算指标。

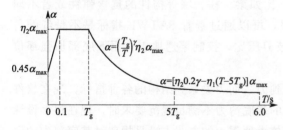

图 1-1 地震影响系数曲线

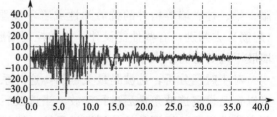

图 1-2 地震波

振型分解法是以结构的各阶振型为广义坐标分别求出对应的结构地震反应，然后将对应于各阶振型的结构反应相组合，以确定结构地震内力和变形的方法，又称振型叠加法。

时程分析法是由结构基本运动方程输入地震加速度记录进行积分，求得整个时间历程内结构地震作用效应的一种结构动力计算方法，也是国际通用的动力分析方法。时程分析法常作为计算高层或超高层的一种（补充计算）方法，也就是说当满足了规范要求的时候是可以不用它计算结构的。规范规定：对于特别不规则的建筑、甲类建筑及超过一定高度的高层建筑，宜采用时程分析法进行补充计算。所以有较多设计人员对应用时程分析法进行抗震设计感到生疏。近年来，随着高层建筑和复杂结构的发展，时程分析法在工程中的应用也越来越广泛了。

弹性时程分析法是区别于振型反应谱法计算的一种分析方法，在实际设计中，应对比弹性时程分析法与振型分解法对应的各楼层地震剪力、楼层地震弯矩、层间位移角和楼层位移等的计算结果，主要是基底剪力的比较，然后在 SATWE 参数设置中，正确设置好全楼地震放大系数或者局部楼层地震放大系数，查看 SATWE 的计算结果。结构时程分析一般要求进行小震作用下弹性和大震作用下弹塑性的计算。对计算结果的解读可以判断结构的动力响应和损伤情况。

α 为地震影响系数，是多次地震作用下不同周期 T、相同阻尼比 ζ 的理想简化的线性单质点体系的结构加速度与重力加速度之比，是多次地震反应的包络线，是所谓标准反应谱或平均反应谱。它是两个数值即地震系数 k（地震动峰值加速度与重力加速度之比）和结构物加速度的放大倍数 β（结构最大反应加速度与地震最大加速度之比）的乘积。

（2）超限设计的解决途径

从混凝土的角度做加减法，调整结构的刚度；从应力分析，手动计算配筋值或者根据程序计算配筋值配筋。无论是做弹性设计还是做不屈服设计，或者是做损伤，最终的落脚点都会回归到配筋上：纵筋及箍筋等，一般都是提高配筋率，必要时，加大构件的截面尺寸。

（3）以小震作用为基础

无论是振型分解法的小、中、大震的弹性或者不屈服分析还是时程分析法的弹性或弹塑性分析，都是以小震作用下的振型分解法及时程分析法为基础。软件参数设置也是在小震弹性的参数设置的基础上进行微调。

（4）超限设计依据 SATWE 的配筋结果

无论是小震弹性、中震弹性或不屈服，还是大震不屈服，最终都依据 SATWE 的计算结果进行配筋。中、大震弹性是等效弹性，不是完全弹性，也就是不考虑抗震等级内力调整、风荷载组合，在提高阻尼比、降低连梁刚度系数等前提下进行计算，计算结果不一定比小震弹性大，根据不同的项目有不同的结果。

1.3　如何理解超限设计的简易性？

答：常规混凝土结构设计的简易性，就是依据小震弹性的 SATWE 计算结果进行配筋的。而超限结构设计的复杂性就是用各种软件进行分析对比，与各种手段从应力的角度分析薄弱环节，但复杂的背后，其简单的一面和常规设计一样，都是回归到包络设计后的 SATWE 的配筋结果（借助软件或者公式手算），也就是玩"数字游戏"；有些性能的判定和 SATWE 的指标判定一样，借助于其他软件去判定。

1.4　运用 MIDAS 进行超限分析基本流程是什么？

答：MIDAS Building/Gen 在超限分析流程中应用的主要环节可见图 1-3。

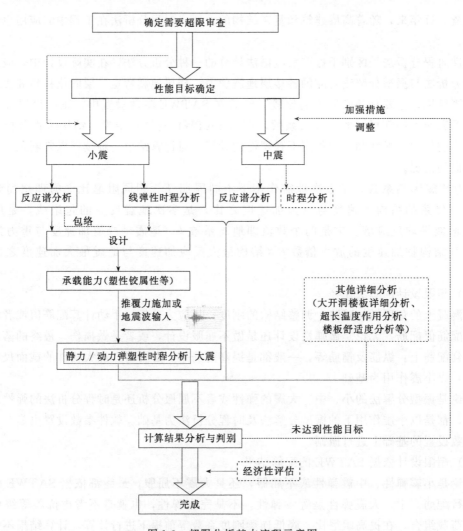

图 1-3 超限分析基本流程示意图

在实际设计中，一般用 PKPM 或者 YJK 进行振型反应谱分析法与弹性时程分析法的小震弹性设计，再用另一种软件，比如 MIDAS Building、ETABS 进行振型反应谱分析法与弹性时程分析法的小震弹性设计，最后整体计算分析时，用两个不同的软件进行对比（振型反应谱分析方法），最后每个软件进行自身的振型反应谱分析法与弹性时程分析法的对比，对弹性时程分析法进行补充计算。

1.5 线弹性时程分析的步骤是怎样的？

答：弹性时程分析基本流程见图 1-4 。

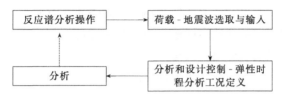

图 1-4　弹性时程分析基本流程图

（1）地震波选取

对地震波的选取为"统计意义上相符"指：多组时程波的平均地震影响系数曲线与振型分解反应谱所用的地震影响系数曲线相比，在对应于结构主要振型的周期点上相差不大于 20%。

主要振型：周期最大的振型不一定是主振型，应检查其阵型的参与质量，采用弹性楼板模型计算值，应重新核查，避免由于局部振动造成振型数的不足。

软件中可以非常方便地选择较为适宜的地震波（即满足频谱特性、加速度峰值和持续时间），同时用线弹性时程分析结果检查地震作用数据，可以非常方便地进行设计谱与规范谱的比较。

弹性时程分析做补充计算时，时程曲线的基本要求见表 1-1。此处的"补充计算"指对"主要计算"的补充，着重是对底部剪力、楼层剪力和层间位移角的比较，当时程分析法的计算结果大于振型分解反应谱法时，相关部位的构件内力和配筋应进行相应调整（实际工程中可进行包络设计）。

表 1-1　时程曲线的基本要求（弹性时程分析）

序号	项目	具体要求
1	曲线数量要求	实际强震记录的数量不应少于总数的 2/3
2	每条曲线计算结果	结构主方向底部总剪力（注意：不要求结构主、次两个方向的底部剪力同时满足）不应小于振型分解反应谱法的 65%（也不应大于 135%）
3	多条曲线计算结果	底部剪力平均值不应小于振型分解反应谱法的 80%（也不大于 120%）

包络设计方法：目前，结构设计软件（SATWE、MIDAS Building 等）基本不具备弹性时程分析的后续配筋设计功能，因此，当按时程分析法计算的结构底部剪力（3 条计算结果的包络值或 7 条时程曲线计算结果的平均值）大于振型分解反应谱法的计算结果（但不大于 120%）时，可将振型分解反应谱法计算结果乘以相应的放大系数（时程分析包络值/振型分解反应谱值），使两种方法的结构底部剪力大致相当，然后取振型分解反应谱法的计算结果进行分析。

注：要利用 PKPM 地震波格式转换成 ETABS/MIDAS Building 地震波格式处理地震波。其中 PGA 为地震波峰值加速度值，EPA 为有效峰值加速度值。

（2）弹性时程分析工况定义

以 MIDAS 为例，"地震波模式"一般可选择"多向地震作用"，一般为平面正交两向，峰值加速度之比为 1：0.85，依需要，可设置 3 向，其峰值加速度之比为 1：0.85：0.65。

需要注意的是,根据《建筑结构抗震规范》(下简称《抗规》)要求,至少采用 2 组天然波和 1 组人工合成的加速度时程波对塔楼进行弹性动力时程分析,每组时程波包含 3 个方向的分量,即 3 个方向的分量可选用同一个地震波,不同的地震波定义为不同的地震荷载工况。

分析方法中振型分解法和直接积分法的选取:振型分解法结果的精度受到振型数量的影响。振型分解法在大型结构的线弹性时程分析中非常高效实用,但是不适用于考虑材料非线性的动力弹塑性问题和包含消能减震装置的动力问题。直接积分法是将分析时间长度分割为多个微小的时间间隔,用数值积分方法解微小时间间隔的动力平衡方程的动力分析方法。直接积分法可以解刚度和阻尼的非线性问题,但是随着分析步骤的增加,分析时间会较长。选择直接积分时,程序提供瑞利阻尼(结构的质量矩阵和刚度矩阵的线性组合)。而选择质量因子和刚度因子的阻尼时,可自行输入各振型的阻尼比。

(3)结果查看

计算结果主要考察底部剪力、楼层剪力和层间位移角,生成数据并与反应谱分析结果对比。

1.6 静力弹塑性时程分析的步骤是怎样的?

答:静力弹塑性时程分析基本流程如图 1-5 所示。

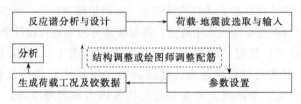

图 1-5 静力弹塑性时程分析基本流程

1.7 超限设计有哪些要求?

答:(1)小震弹性计算时,除了采用 SATWE 的振型分解反应谱法计算,还应采用弹性时程分析法补充计算,并对两者的计算结果取大值设计。选择地震波时,当选取 3 组加速度时程曲线输入时,计算结果宜取弹性时程法的包络值;当选取 7 组或者 7 组以上时,可取弹性时程法的平均值。

(2)补充结构的弹塑性分析计算。当高度≤150m 时,可采用静力弹塑性分析方法;高度在 150~200m 时,应根据结构的变形特征选择静力弹塑性分析或者弹塑性时程方法;当高度≥200m 时,应采用弹塑性时程方法。需要特别强调的是,当高度≥300m 时,应采用两种不同的计算分析软件做独立计算并做校对分析(比如 PKPM、MIDAS 等)。

(3)应特别注意结构基底总地震剪力和楼层地震剪力是否满足规范的规定,当结构底部总剪力不满足时,各楼层地震剪力均应进行调整;当计算的结构底部总地震剪力相差较多(15%以上)时,如果有可能,应调整结构布置。

(4)进行基础设计时,应尽量让结构竖向荷载重心与基础底面形心重合,并验算桩基在水平力最不利组合情况下桩身是否出现拉力(并验算抗拔承载力)。

（5）可以根据实际工程超限的程度，采用抗震性能设计方法，满足设定的抗震性能目标，并满足不同地震水准下具体的性能设计指标（如延性构造、位移及承载力等）。

（6）对于框架-核心筒结构（包括钢框架、型钢及钢管-核心筒结构），为了确保二次防线的作用，周边框架应按 SATWE 弹性计算分配地震剪力最大值且不小于底部总地震剪力 10%的要求；对于超过 B 级最大适用高度的超高层建筑，也应满足不小于 10%的要求；由于底部地震剪力一般小于上层，在采取加强措施的前提下，其限值也可以小于 10%。

（7）对于混合结构等高层建筑，柱、墙、斜撑等构件的轴线变形应考虑施工的影响。超过最大适用高度的超高层建筑，宜考虑混凝土徐变、收缩及基础不均匀沉降等对建筑结构计算的影响。

（8）对于沿海超高层建筑和其外围护结构，风荷载取值应根据经验取大，有必要时，可考虑横风向风振效应的影响。

《高规》3.7.6　房屋高度不小于 150m 的高层混凝土建筑结构应满足风振舒适度要求。在现行国家标准《建筑结构荷载规范》GB 50009 规定的 10 年一遇的风荷载标准值作用下，结构顶点的顺风向和横风向振动最大加速度计算值不应超过表 3.7.6 的限值。结构顶点的顺风向和横风向振动最大加速度可按现行行业标准《高层民用建筑钢结构技术规程》JGJ 99 的有关规定计算，也可通过风洞试验结果判断确定，计算时结构阻尼比宜取 0.01～0.02。

表 3.7.6　结构顶点风振加速度限值 a_{lim}

使用功能	$a_{lim}/(m/s^2)$
住宅、公寓	0.15
办公、旅馆	0.25

（9）采取一定的措施提高剪力墙及核心筒的延性：当结构超高程度较多时，轴压比限值应严于规范要求；可以扩大墙肢设置约束边缘构件的范围；当结构高度超 B 级高度较多时，墙肢组合内力（弯矩及剪力）调整系数宜大于规范值；当中震作用下墙肢出现小偏心受拉时，可采用特一级的构造措施，而当墙肢平均拉应力超过混凝土的抗拉强度标准值时，可以设置一定数量的钢板或者型钢。

（10）采取一定的措施提高框架柱延性：由于轴压比、剪跨比和配箍率是影响框架柱延性的主要因素，可根据结构高度超限程度的不同，根据实际工程去加强；当结构高度超出 B 级高度较多时，柱端组合剪力设计值及弯矩设计值应乘以比规范规定值大 20%～30%的数值；和提高剪力墙的延性措施一样，当框架柱属于特一级构造或中震下出现小偏心受拉时，可以采取钢管混凝土柱、型钢混凝土柱。

（11）如果结构弹性分析的结果差异较大，应分析其中的原因，有必要时，用其他计算软件再次进行校核。一般认为总质量、前三阶自振周期相差 8%以上，反应谱法计算的基底剪力倾覆弯矩相差 15%以上为差异较大。

1.8　完成小、中、大震的计算后如何进行包络设计？

答：分别以 PKPM、YJK 为例进行包络设计。

（1）利用 PKPM 进行包络设计（完成计算）

　　先完成小震弹性、中震弹性、中震不屈服及大震不屈服四个模型的计算，可以新建一个文件夹"主模型"，然后把4个模型放到该文件夹下，用PKPM打开"小震弹性模型"点击"SATWE分析设计"→"计算结果"→"交互包络"，如图1-6～图1-8所示。

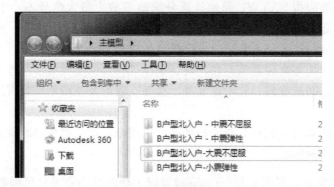

图 1-6　新建主模型

注：用此操作时，4个模型均应完成计算。

图 1-7　交互包络

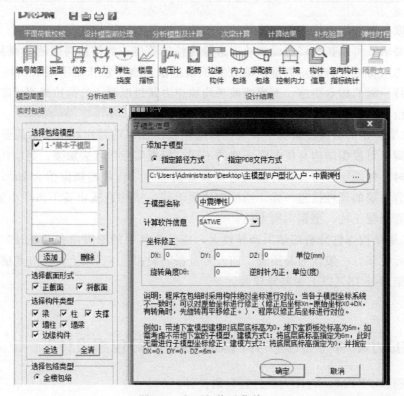

图 1-8　交互包络子菜单

在图 1-8 中点击"添加"，会弹出添加对话框，分别点击图中画圈的按钮，把其他的模型导入进来并命名，如图 1-9 所示。

选择要勾选的模型进行包络设计，点击"包络计算"，即可完成计算，如图 1-10 所示。

图 1-9　包络计算对话框

图 1-10　包络计算完成

（2）利用 PKPM 进行包络设计（未完成计算与参数调整时）

当四个模型未完成计算时，可以点击"SATWE 分析设计"→"设计模型前处理"→"参数定义"→"性能设计"，选择"按照高规方法进行性能包络设计"，如图 1-11 所示。

点击"多模型控制信息"，弹出"子模型控制信息"对话框，如图 1-12 所示，点击"添加子模型"，按照提示把其他模型添加进来，最后点击"生成模型"，会在屏幕的右上方生成列表，如图 1-13～图 1-15 所示。

分别选择列表中的模型，然后按照要求在"参数定义"中分别修改参数，见第 7 章超限专项分析，并在性能设计中勾选"按照高规方法进行性能包络设计"，按照性能设计目标中的要求选择中震或大震作用下的"弹性"或"不屈服"或同时勾选（有时候性能目标中都包

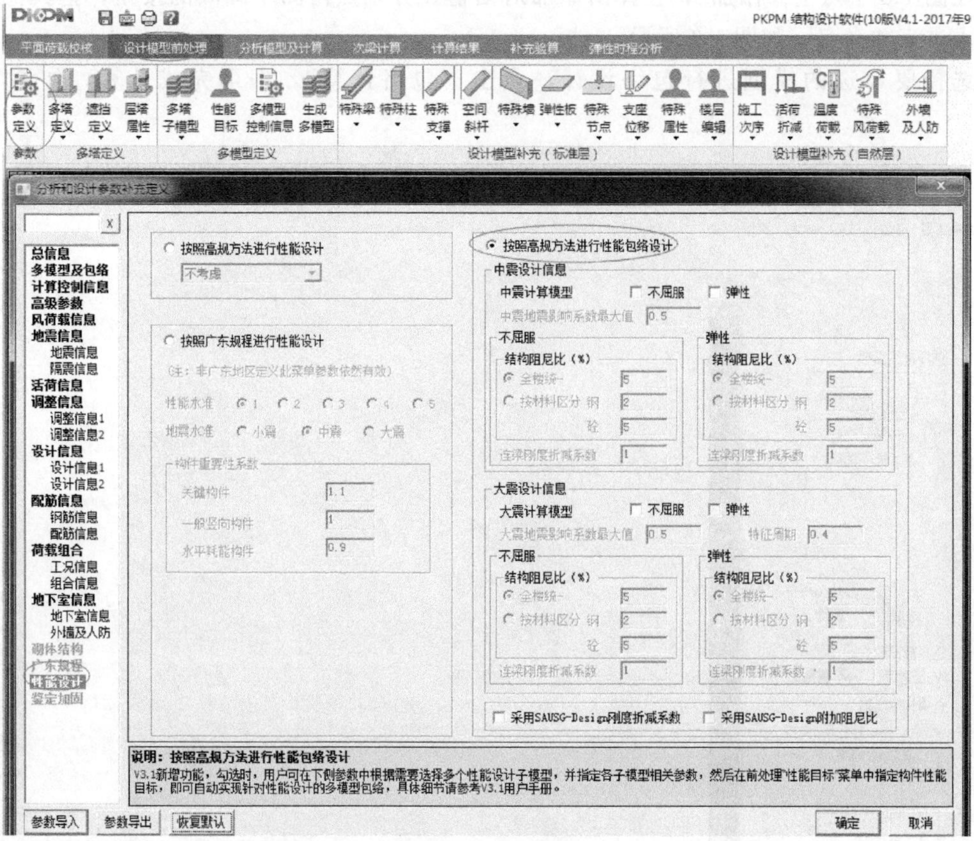

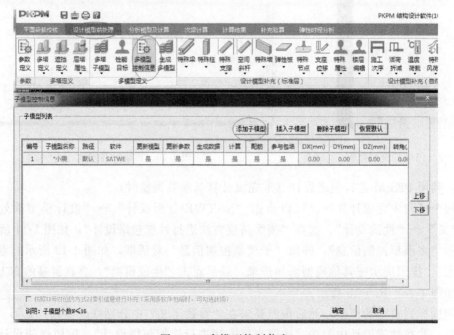

图 1-11　性能设计

图 1-12　多模型控制信息

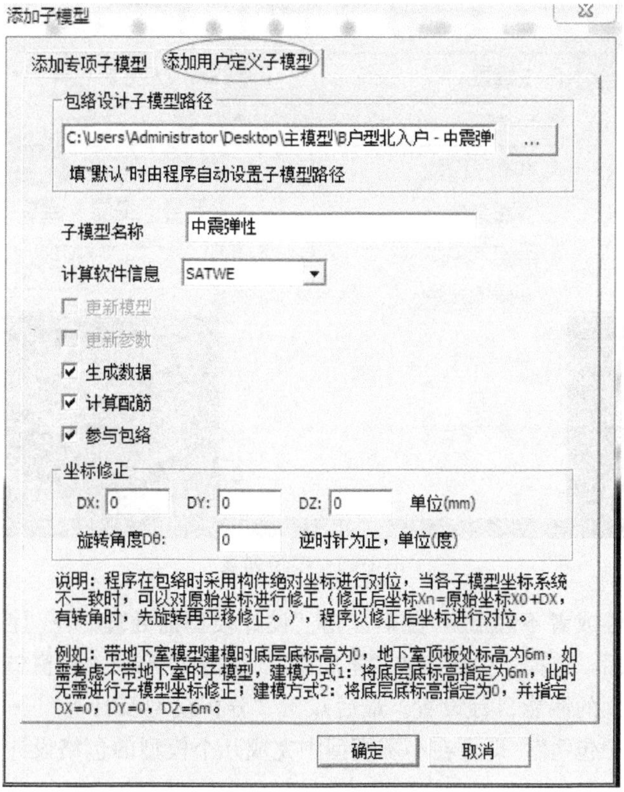

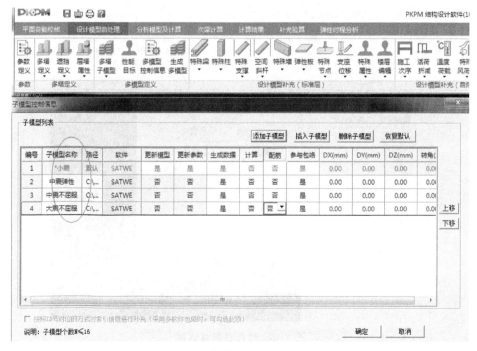

图 1-13　添加用户定义子模型

图 1-14　添加完成后的模型对话框

图 1-15 模型列表

含抗弯或者抗剪的弹性或者不屈服），然后点击"设计模型前处理"→"性能目标"，弹出对话框，选择不同的构件后，选择"弹性"或"不屈服"，点击"指定"，用窗口或者光标的方式选择构件，即完成不同构件的性能目标设置。最后点击"分析模型及计算"→"生成数据＋全部计算"→"计算＋配筋＋包络"，即可在小震模型中完成几个模型的包络设计，如图 1-16、图 1-17所示。

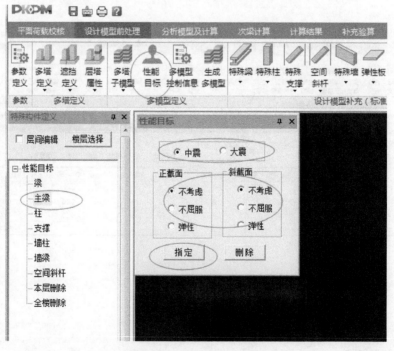

图 1-16 性能目标对话框

注：此对话框应根据性能设计目标设置。正截面指抗弯，斜截面指抗剪。

图 1-17　分析模型及计算

注：如果只进行小震＋中震弹性或中震不屈服计算，则只添加 2 个模型进行包络。

（3）利用 YJK 进行包络设计（完成计算与参数调整时）

这里包络设计的思路是对两个不同子目录下工程的配筋计算结果取大设计，用户可在其中一个子目录下进行包络设计的操作，可以对全楼所有构件按包络设计，也可仅对某些层或者某些构件进行包络设计。

包络设计操作步骤如下。

① 先分别完成计算，最后在其中一个子目录下进行包络设计。

② 点击"前处理及计算"→"计算参数"→"参数输入"→"包络设计"，勾选"与其他模型进行包络设计"，点击"增行"，弹出对话框，分别选择"中震弹性""中震不屈服""大震不屈服"模型，勾选"正截面""斜截面"，如图 1-18～图 1-20 所示。

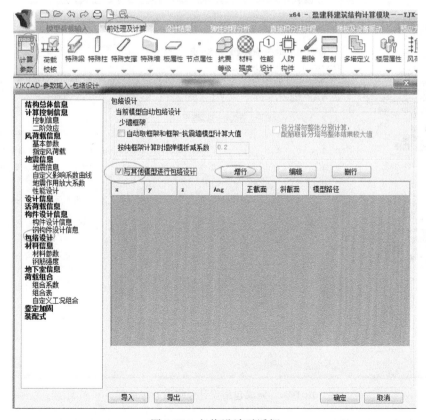

图 1-18　包络设计对话框

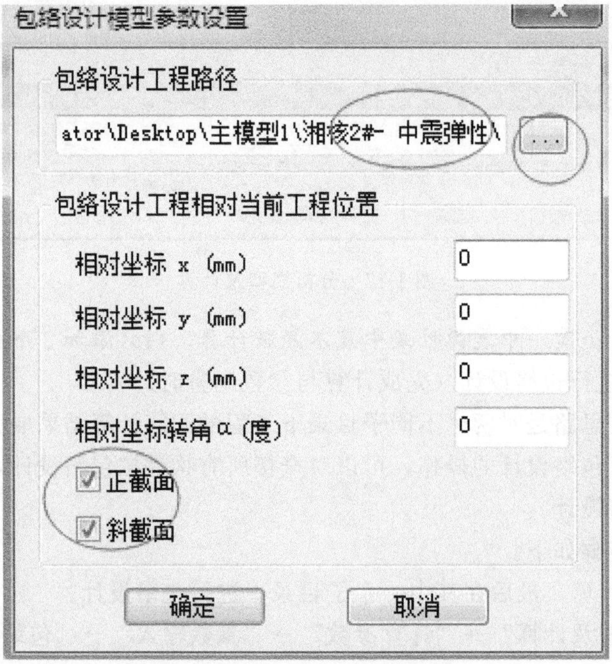

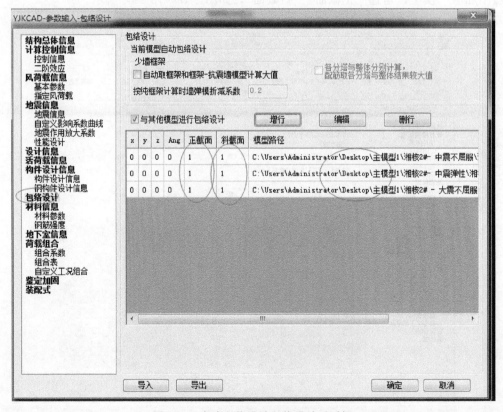

图 1-19　包络设计模型参数设置

图 1-20　完成包络设计包络设计对话框

注：可选择仅对构件的正截面或者斜截面进行包络设计，框中数字为 1 时进行包络设计，为 0 时不进行包络设计。

　　③ 点击"前处理及计算"→"楼层属性"→"包络设计楼层"，点取后弹出楼层列表，从中勾选需要做包络设计的楼层即可。点击"前处理及计算"→"楼层属性"→"包络设计构件"，用光标或者窗口选择，可以分别指定柱、梁、墙、支撑中的构件为包络设计，如图1-21、图 1-22 所示。

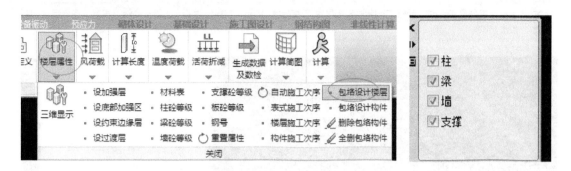

图 1-21　楼层属性　　　　　　　　　　　　　　　　图 1-22　选择构件

　　④ 点击"前处理及计算"→"计算参数"→"性能设计"，勾选"考虑性能设计"，并按照项目要求填写相关的参数。点击"前处理及计算"→"性能设计"，弹出对话框，用光标或者框选的形式选择要设置性能目标的构件，如图1-23～图 1-25 所示。

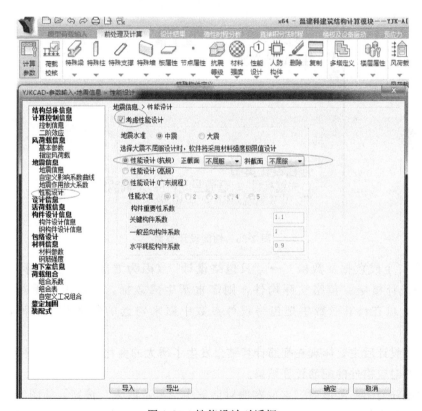

图 1-23　性能设计对话框

　　注：应该是先勾选"考虑性能设计"，设计要"考虑性能设计"的构件后，再进行包络设计。

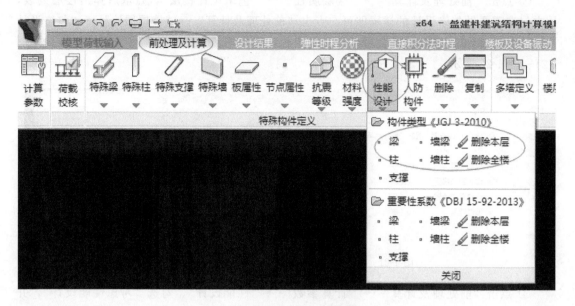

图 1-24　前处理及计算-性能设计

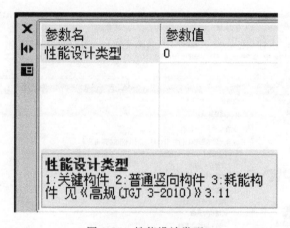

图 1-25　性能设计类型

⑤ 点击"生成数据及数检"→"只包络设计"（因为之前完成了计算），如果重新定义了包络设计楼层、包络实际构件，则需重新生成数据。如果需要重新得到非包络设计的结果，可在计算参数中把包络设计参数中原来勾选的包络设计取消，如图 1-26所示。

采用包络设计后主要体现在配筋计算结果发生了增大的变化，即某些构件采用的是另一项子目录中的对应构件的配筋计算结果。

执行"配筋简图"菜单时，点取右侧对话框中"显示取大"按钮，如图 1-27 所示，当前层的配筋简图中凡是采用了取大包络设计结果的构件会自动粉色加亮，即构件粉色加亮时说明该构件的配筋采用的是另一项子目录中的对应构件的较大的配筋计算结果。如果没有进行包络设计，显示取大菜单将会变灰。

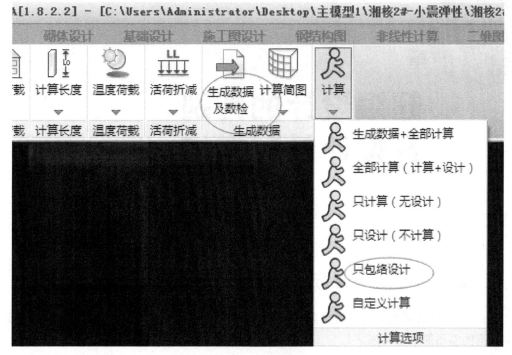

图 1-26 只包络设计

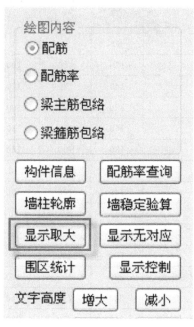

图 1-27 显示方法

第2章

超限设计的判别及设计针对措施

2.1 如何对高度超限进行判别？

答：《超限高层建筑工程抗震设防专项审查技术要点》（2015）附录1：超限高层建筑工程主要范围参照简表，见表 2-1。

表 2-1　房屋高度超过下列规定的高层建筑工程　　　　单位：m

结构类型		6度	7度 (0.1g)	7度 (0.15g)	8度 (0.20g)	8度 (0.30g)	9度
混凝土结构	框架	60	50	50	40	35	24
	框架-抗震墙	130	120	120	100	80	50
	抗震墙	140	120	120	100	80	60
	部分框支抗震墙	120	100	100	80	50	不应采用
	框架-核心筒	150	130	130	100	90	70
	筒中筒	180	150	150	120	100	80
	板柱-抗震墙	80	70	70	55	40	不应采用
	较多短肢墙	140	100	100	80	60	不应采用
	错层的抗震墙	140	80	80	60	60	不应采用
	错层的框架-抗震墙	130	80	80	60	60	不应采用
混合结构	钢框架-钢筋混凝土筒	200	160	160	120	100	70
	型钢(钢管)混凝土框架-钢筋混凝土筒	220	190	190	150	130	70
	钢外筒-钢筋混凝土内筒	260	210	210	160	140	80
	型钢(钢管)混凝土外筒-钢筋混凝土内筒	280	230	230	170	150	90
钢结构	框架	110	110	110	90	70	50
	框架-中心支撑	220	220	200	180	150	120
	框架-偏心支撑(延性墙板)	240	240	220	200	180	160
	各类筒体和巨型结构	300	300	280	260	240	180

注：平面和竖向均不规则（部分框支结构指框支层以上的楼层不规则），其高度应比表内数值降低至少10%。

2.2 高度超限时应注意哪些问题？

答：（1）B 级高度的钢筋混凝土高层建筑，可以被划分为高度超限的高层建筑工程。对于高度超限的结构，原则上应进行超限审查。

（2）对于钢筋混凝土框架结构，高度超限时可以改变结构体系，比如采用框架-剪力墙结构或钢支撑-混凝土框架结构。

（3）当抗震设防烈度为 6 度时，对于有较多短肢剪力墙的剪力墙结构（短肢墙承担的地震倾覆力矩不小于 30%）、错层剪力墙结构，建议分别按 120m、100m 确定。

（4）当板柱-剪力墙高度超限时，宜改变结构体系，可改为框架-剪力墙结构体系。

（5）"型钢混凝土柱＋混凝土梁"或局部构件（转换梁或柱）采用型钢梁、柱时，该结构可以不认定为混合结构，最大适用高度仍可按混凝土结构确定。

（6）对于非抗震设防区的高层建筑，当高度超过其最大适用高度时，在满足规范的基础上，采取相应的加强措施后，可不进行超限审查，但仍属于超规范设计。

B 级高度钢筋混凝土高层建筑的最大适用高度见表 2-2。

表 2-2　B 级高度钢筋混凝土高层建筑的最大适用高度　　　单位：m

结构体系		非抗震设计	抗震设防烈度			
			6 度	7 度	8 度	
					0.20g	0.30g
框架-剪力墙		170	160	140	120	100
剪力墙	全部落地剪力墙	180	170	150	130	110
	部分框支剪力墙	150	140	120	100	80
筒体	框架-核心筒	220	210	180	140	120
	筒中筒	300	280	230	170	150

注：1. 部分框支剪力墙结构指地面以上有部分框支剪力墙的剪力墙结构。

2. 甲类建筑，6、7 度时宜按本地区设防烈度提高 1 度后符合本表的要求，8 度时应专门研究。

3. 当房屋高度超过表中数值时，结构设计应有可靠依据，并采取有效的加强措施。

2.3 如何对规则性超限进行判别？

答：《超限高层建筑工程抗震设防专项审查技术要点》（2015）附录 1 中对规则性超限的判别界限如表 2-3 所示。

表 2-3　规则性超限的判别

序号	不规则类型	简要含义	备　　注
1a	扭转不规则	考虑偶然偏心的扭转位移比大于 1.2	参见 GB 50011 中 3.4.3
1b	偏心布置	偏心率大于 0.15 或相邻层质心相差大于相应边长 15%	参见 JGJ 99 中 3.2.2
2a	凹凸不规则	平面凹凸尺寸大于相应边长 30% 等	参见 GB 50011 中 3.4.3
2b	组合平面	细腰形或角部重叠形	参见 JGJ 3 中 3.4.3
3	楼板不连续	有效宽度小于 50%，开洞面积大于 30%，错层大于梁高	参见 GB 50011 中 3.4.3
4a	刚度突变	相邻层刚度变化大于 70%（按《高规》考虑层高修正时，数值相应调整）或连续三层变化大于 80%	参见 GB 50011 中 3.4.3，JGJ 3 中 3.5.2

续表

序号	不规则类型	简要含义	备　注
4b	尺寸突变	竖向构件收进位置高于结构高度 20％且收进大于 25％，或外挑大于 10％和 4m，多塔	参见 JGJ 3 中 3.5.5
5	构件间断	上下墙、柱、支撑不连续，含加强层、连体类	参见 GB 50011 中 3.4.3
6	承载力突变	相邻层受剪承载力变化大于 80％	参见 GB 50011 中 3.4.3
7	局部不规则	如局部的穿层柱、斜柱、夹层、个别构件错层或转换，或个别楼层扭转位移比略大于 1.2 等	已计入 1～6 项者除外

注：1. 不论高度是否大于表 2-1 中规定，只要满足表中同时具有 3 项及 3 项以上不规则的高层建筑工程均视为超限。

2. 深凹进平面在凹口设置连梁，当连梁刚度较小不足以协调两侧的变形时，仍视为凹凸不规则，不按楼板不连续的开洞对待；序号 a、b 不重复计算不规则项；局部的不规则，视其位置、数量等对整个结构影响的大小判断是否计入不规则项。

《建筑抗震设计规范》（GB 50011—2010，下简称《抗规》）对平面、竖向不规则的规定如下。

《抗规》3.4.3　建筑形体及其构件布置的平面、竖向不规则性，应按下列要求划分：

1　混凝土房屋、钢结构房屋和钢-混凝土混合结构房屋存在表 3.4.3-1 所列举的某项平面不规则类型或表 3.4.3-2 所列举的某项竖向不规则类型以及类似的不规则类型，应属于不规则的建筑。

表 3.4.3-1　平面不规则的主要类型

不规则类型	定义和参考指标
扭转不规则	在具有偶然偏心的规定水平力作用下，楼层两端抗侧力构件弹性水平位移（或层间位移）的最大值与平均值的比值大于 1.2
凹凸不规则	平面凹进的尺寸，大于相应投影方向总尺寸的 30％
楼板局部不连续	楼板的尺寸和平面刚度急剧变化，例如，有效楼板宽度小于该层楼板典型宽度的 50％，或开洞面积大于该层楼面面积的 30％，或较大的楼层错层

表 3.4.3-2　竖向不规则的主要类型

不规则类型	定义和参考指标
侧向刚度不规则	该层的侧向刚度小于相邻上一层的 70％，或小于其上相邻三个楼层侧向刚度平均值的 80％；除顶层或出屋面小建筑外，局部收进的水平向尺寸大于相邻下一层的 25％
竖向抗侧力构件不连续	竖向抗侧力构件（柱、抗震墙、抗震支撑）的内力由水平转换构件（梁、桁架等）向下传递
楼层承载力突变	抗侧力结构的层间受剪承载力小于相邻上一层的 80％

下面仅介绍部分不规则情况的具体要求。

（1）平面凹凸不规则

《高规》对平面凹凸不规则有以下规定。

《高规》3.4.3　抗震设计的混凝土高层建筑，其平面布置宜符合下列规定：

1　平面宜简单、规则、对称，减少偏心；

2　平面长度不宜过长（图 3.4.3），L/B 宜符合表 3.4.3 的要求：

表 3.4.3　平面尺寸及突出部位尺寸的比值限值

设防烈度	L/B	l/B_{max}	l/b
6、7 度	≤6.0	≤0.35	≤2.0
8、9 度	≤5.0	≤0.30	≤1.5

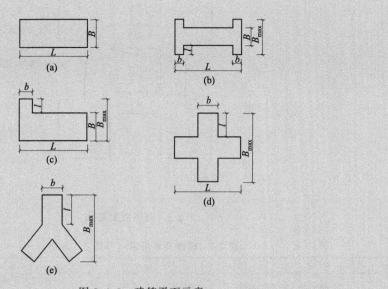

图 3.4.3　建筑平面示意

　　3　平面突出部分的长度 l 不宜过大、宽度 b 不宜过小（图 3.4.3），l/B_{max}、l/b 宜符合表 3.4.3 的要求；

　　4　建筑平面不宜采用角部重叠或细腰形平面布置。

　　对"角部重叠"及"细腰形平面"二词的理解，朱炳寅有如下阐述：对"角部重叠"，当重叠部位的对角线长度 b 小于与之平行方向结构最大有效楼板宽度 B 的 1/3 时，可判定为"角部重叠"及"细腰形平面"；当连接部位的宽度 b 小于平面相应宽度 B 的 1/3 时，可判定为"细腰形平面"，如图 2-1 和图 2-2 所示。结构设计中，应避免采用连接较弱、各部分协同工作能力较差的结构平面。

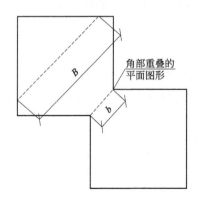

图 2-1　"角部重叠"示意图

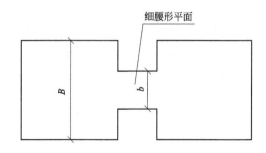

图 2-2　"细腰形平面"示意图

（2）楼板不连续

　　对"楼板不连续"一词的理解，朱炳寅有如下阐述：规范对开洞的限制要求见图 2-3 及表 2-4。

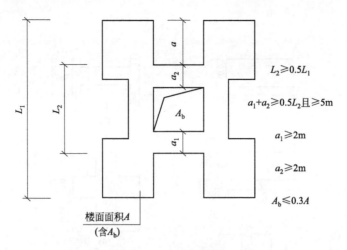

图 2-3　开洞限制要求

表 2-4　楼板开洞要求（以图 2-3 为例）

序号	项　　目	要　　求
1	楼面凹入或开洞尺寸$[L_2、(a_1+a_2)]$	不宜大于楼面宽度的一半 $[L_2 \geqslant 0.5L_1，a_1+a_2 \geqslant 0.5L_2]$
2	楼板开洞总面积(A_b)	不宜超过楼面面积的 30%，$A_b \leqslant 30\%A$
3	楼板在任一方向的最小净宽度(a_1+a_2)	不宜小于 5m，$a_1+a_2 \geqslant 5m$
4	开洞后每一边的楼板净宽度$(a_1、a_2)$	不应小于 2m（$a_1、a_2$ 均应$\geqslant 2m$）

对"楼板平面比较狭长"的情况，在实际工程中，当结构平面长宽比不小于 3 时，可确定为"楼板平面比较狭长"。

对楼板平面有"较大的凹入"的情况，在实际工程中，可根据平面凹入比（平面凹入的深度 a 与相应平面变长 L_1 的比值）确定，当 $a/L_1 \geqslant 0.25$ 时，可确定为楼板平面有"较大的凹入"。

当楼板的开洞总面积（不包括凹入面积）不小于楼面面积（包括开洞面积，但不包括凹入面积）的 30% 时，可确定为"楼板平面有较大的开洞"的情形。

开洞后每一边的楼板净宽度不应小于 2m；有效楼板宽度是楼板在任一方向的净宽，可由该方向上净宽不小于 2m 的楼板累计。

（3）尺寸突变

《高规》3.5.5　抗震设计时，当结构上部楼层收进部位到室外地面的高度 H_1 与房屋高度 H 之比大于 0.2 时，上部楼层收进后的水平尺寸 B_1 不宜小于下部楼层水平尺寸 B 的 75%（图 3.5.5

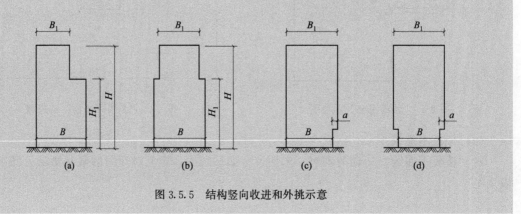

图 3.5.5　结构竖向收进和外挑示意

a、b)；当上部结构楼层相对于下部楼层外挑时，上部楼层水平尺寸 B、不宜大于下部楼层的水平尺寸 B 的 1.1 倍，且水平外挑尺寸 a 不宜大于 4m（图 3.5.5c、d）。

（4）承载力突变

具有表 2-5 中两项或同时具有表 2-5 中一项和表 2-3 中某项不规则的高层建筑工程视为超限。

表 2-5　承载力突变的判别

序	不规则类型	简要含义	备注
1	扭转偏大	裙房以上的较多楼层考虑偶然偏心的扭转位移比大于 1.4	表 2-3 之 1 项不重复计算
2	抗扭刚度弱	扭转周期比大于 0.9,超过 A 级高度的结构扭转周期比大于 0.85	
3	层刚度偏小	本层侧向刚度小于相邻上层的 50%	表 2-3 之 4a 项不重复计算
4	塔楼偏置	单塔或多塔与大底盘的质心偏心距大于底盘相应边长 20%	表 2-3 之 4b 项不重复计算

注：不论高度是否大于表 2-1 中规定，只要具有表 2-5 中两项不规则或同时具有表 2-5 中一项和表 2-3 中某项不规则的高层建筑工程均视为超限。

（5）扭转偏大

《高规》3.4.5　结构平面布置应减少扭转的影响。在考虑偶然偏心影响的规定水平地震力作用下，楼层竖向构件最大的水平位移和层间位移，A 级高度高层建筑不宜大于该楼层平均值的 1.2 倍，不应大于该楼层平均值的 1.5 倍；B 级高度高层建筑、超过 A 级高度的混合结构及本规程第 10 章所指的复杂高层建筑不宜大于该楼层平均值的 1.2 倍，不应大于该楼层平均值的 1.4 倍。结构扭转为主的第一自振周期 T_t 与平动为主的第一自振周期 T_1 之比，A 级高度高层建筑不应大于 0.9，B 级高度高层建筑、超过 A 级高度的混合结构及本规程第 10 章所指的复杂高层建筑不应大于 0.85。

注：当楼层的最大层间位移角不大于本规程第 3.7.3 条规定的限值的 40% 时，该楼层竖向构件的最大水平位移和层间位移与该楼层平均值的比值可适当放松，但不应大于 1.6。

（6）层刚度小

《高规》3.5.2　抗震设计时，高层建筑相邻楼层的侧向刚度变化应符合下列规定：

1　对框架结构，楼层与其相邻上层的侧向刚度比 γ_1 可按式（3.5.2-1）计算，且本层与相邻上层的比值不宜小于 0.7，与相邻上部三层刚度平均值的比值不宜小于 0.8。

$$\gamma_1 = \frac{V_i \Delta_{i+1}}{V_{i+1} \Delta_i} \tag{3.5.2-1}$$

式中：γ_1——楼层侧向刚度比；

V_i，V_{i+1}——第 i 层和 $i+1$ 层的地震剪力标准值，kN；

Δ_i，Δ_{i+1}——第 i 层和 $i+1$ 层在地震作用标准值作用下的层间位移，m。

2　对框架-剪力墙结构、板柱-剪力墙结构、剪力墙结构、框架-核心筒结构、筒中筒结构，楼层与其相邻上层的侧向刚度比 λ_2 可按式（3.5.2-2）计算，且本层与相邻上层的比值不宜小于 0.9；当本层层高大于相邻上层层高的 1.5 倍时，该比值不宜小于 1.1；对结构底部嵌固层，该比值不宜小于 1.5。

$$\gamma_2 = \frac{V_i \Delta_{i+1}}{V_{i+1} \Delta_i} \frac{h_i}{h_{i+1}} \tag{3.5.2-2}$$

式中　γ_2——考虑层高修正的楼层侧向刚度比。

《高规》5.3.7　高层建筑结构整体计算中，当地下室顶板作为上部结构嵌固部位时，地下一层与首层侧向刚度比不宜小于 2。

《高规》10.2.3　转换层上部结构与下部结构的侧向刚度变化应符合本规程附录 E 的规定。

当转换层设置在 1、2 层时，可近似采用转换层与其相邻上层结构的等效剪切刚度比 γ_{e1} 表示转换层上、下层结构刚度的变化，γ_{e1} 宜接近 1，非抗震设计时 γ_{e1} 不应小于 0.4，抗震设计时 γ_{e1} 不应小于 0.5。γ_{e1} 可按下列公式计算：

$$\gamma_{e1} = \frac{G_1 A_1}{G_2 A_2} \times \frac{h_2}{h_1} \tag{2-1}$$

$$A_i = A_{w,i} + \sum_j C_{i,j} A_{ci,j} \quad (i=1,2) \tag{2-2}$$

$$C_{i,j} = 2.5 \left(\frac{h_{ci,j}}{h_i} \right)^2 \quad (i=1,2) \tag{2-3}$$

式中　G_1，G_2——转换层和转换层上层的混凝土剪变模量；

A_1，A_2——转换层和转换层上层的折算抗剪截面面积；

$A_{w,i}$——第 i 层全部剪力墙在计算方向的有效截面面积（不包括翼缘面积）；

$A_{ci,j}$——第 i 层第 j 根柱的截面面积；

h_i——第 i 层的层高；

$h_{ci,j}$——第 i 层第 j 根柱沿计算方向的截面高度；

$C_{i,j}$——第 i 层第 j 根柱截面面积折算系数，当计算值大于 1 时取 1。

当转换层设置在第 2 层以上时，计算的转换层与其相邻上层的侧向刚度比不应小于 0.6。

当转换层设置在第 2 层以上时，尚宜采用规范中的计算模型计算转换层下部结构与上部结构的等效侧向刚度比 γ_{e2}。γ_{e2} 宜接近 1，非抗震设计时 γ_{e2} 不应小于 0.5，抗震设计时 γ_{e2} 不应小于 0.8。

$$\gamma_{e2} = \frac{\Delta_2 H_1}{\Delta_1 H_2} \tag{2-4}$$

《高规》3.5.3　A 级高度高层建筑的楼层抗侧力结构的层间受剪承载力不宜小于其相邻上一层受剪承载力的 80%，不应小于其相邻上一层受剪承载力的 65%；B 级高度高层建筑的楼层抗侧力结构的层间受剪承载力不应小于其相邻上一层受剪承载力的 75%。

注：楼层抗侧力结构的层间受剪承载力是指在所考虑的水平地震作用方向上，该层全部柱、剪力墙、斜撑的受剪承载力之和。

由于 SATWE 计算楼层受剪承载力时，采用构件计算配筋，且不考虑加强层斜杆受压屈曲的影响，有必要时，应对加强层相邻受剪承载力进行手算补充复核。

（7）塔楼偏置

塔楼质心与底盘的质心距离不宜大于底盘相应边长的 20%。各塔楼质量和刚度分布不均匀时，结构的扭转振动反应大。多塔楼的层数、平面、刚度宜接近；塔楼对底盘宜对称布置，减少塔楼与底盘的刚度偏心。上部塔楼的质心指的是综合质心，综合质心＝（塔楼 A 距离×质量＋塔楼 B 距离×质量）/（塔楼 A 质量＋塔楼 B 质量）。具有下列某一项不规则的高层建筑工程见表 2-6。

表 2-6 具有下列某一项不规则的高层建筑工程

序号	不规则类型	简要含义
1	高位转换	框支墙体的转换构件位置：7 度超过 5 层，8 度超过 3 层
2	厚板转换	7～9 度设防的厚板转换结构
3	复杂连接	各部分层数、刚度、布置不同的错层，连体两端塔楼高度、体型或沿大底盘某个主轴方向的振动周期显著不同的结构
4	多重复杂	结构同时具有转换层、加强层、错层、连体和多塔等复杂类型的 3 种

注：1. 仅前后错层或左右错层属于表 2-3 中的一项不规则，多数楼层同时前后、左右错层属于本表的复杂连接。

2. 不论高度是否大于表 2-1 中规定，只要满足表 2-6 中某一项不规则的高层建筑工程均视为超限。

3. "高位转换"仅指部分框支剪力墙结构中的框支转换，不包括梁抬柱的"抽柱"转换；6 度时框支层超过 7 层时，建议判别为"高位转换"。

（8）错层

① 错层的概念。楼面相错高度大于相邻高侧的梁高；或两侧楼板横向用同一钢筋混凝土梁相连，但楼板间垂直净距大于支承梁宽 1.5 倍；或当两侧楼板横向用同一根梁相连，虽然楼板间垂直净距小于支承梁宽 1.5 倍，但相错高度大于纵向梁高度。

② 错层楼层的概念。属于错层且合计面积大于该层总面积 30% 的楼层。

③ 错层结构的概念。错层楼层数量不少于房屋总楼层数量 30% 的结构；少量的错层楼层，即错层楼层数量少于房屋总楼层数量的 30% 时，按楼板局部不连续考虑。

2.4 规则性超限设计时应采取哪些针对措施？

答：（1）平面不规则

① 当楼板开洞时，洞口周边一跨范围的楼板；对于细腰形平面、楼板有效宽度小于 50% 的情况，细腰部分的楼板；对平面凹凸不规则，凹口周边各一跨的范围、凸出部位根部一跨范围内的楼板等，均可定义为弹性膜。

② 当建筑平面局部突出时，突出部位的根部楼板可适当加厚，加大配筋率，并采用双层双向配筋。

③ 对平面中楼板连接较弱的情况，连接部位楼板应适当加厚，并适当加大配筋率。

④ 在实际工程中，一般应验算楼板在地震作用下和竖向荷载组合作用下的主拉应力，计算出凹口部位、突出部位根部、楼板连接薄弱部位的内力。对于大开洞周边或连接薄弱部位的局部楼板，可按大震复核平面内承载力，以确保水平力的正常传递。

⑤ B 级高度的钢筋混凝土建筑，平面角部不宜设置过大的转角窗；A 级高度高层建筑设置转角窗时，应采取加强措施，转角窗两侧剪力墙肢宜通高设置边缘构件，转角窗部位楼板宜设置暗梁或斜向拉结加强筋，楼板配筋相应加强。其构造措施一般如下。

a. 转角梁。梁顶面、底面纵筋应按连梁的要求伸入墙肢，长度不应小于 L_{aE} 且不小于 600mm。梁箍筋应全长加密，间距及直径按相同抗震等级的框架梁加密区要求；在顶层，伸入墙肢的长度范围内应配置箍筋，间距不大于 150mm，直径同梁箍筋。

梁高范围内应配置足够数量的抗扭腰筋，其规格宜与墙肢水平筋相同，其作用是抵抗因梁转折而产生的相互扭矩及结构平面周边扭转应力对梁产生的侧向扭矩，并防止因梁截面高度较大而产生的温度裂缝。腰筋直径不小于 8mm，间距不大于 200mm，当梁合并跨高比不大于 2.5 时，其两侧腰筋的总面积配筋率不小于 0.3%。

适当加强梁底配筋，可有效防止挠度过大的超限，一般构造上不应小于 2Φ20。转角梁交点处梁纵筋应上下弯锚，长度不小于 L_{aE}。

b. 楼板。由于转角窗处局部板没有墙、柱等竖向构件的可靠约束，只有转角梁的弹性约束，因此，转角窗房间的楼板宜适当加厚，一般不小于 150mm，同时，板配筋宜适当加大，板配筋率不小于 0.25%，并做双层双向拉通布置。

转角处板内设置连接两侧墙体的暗梁，这样既可加强板边约束，又可使偶然偏心或双向地震所产生的扭转应力通过暗梁直接传至剪力墙，改变了沿转角梁传递的原路径，从而有效地避免了大扭转应力使转角处的楼板因扭转导致局部变形过大甚至挤压脱落的可能。暗梁截面宽一般取 500mm，上下各设 4Φ16 加强筋，钢筋须锚入两侧剪力墙 45d，箍筋可配Φ8@200，当加强筋遇板筋时，板筋应设在上排，使暗梁成为板的支座。

c. 剪力墙。转角窗两侧应避免采用短肢剪力墙和单片剪力墙，宜采用"T""L""〔"形等带翼墙的截面形式的墙体。因为"T""L""〔"形墙的延性好，并且能与暗梁和楼板形成一个通过梁抗扭刚度来传递弯矩及剪力的抗侧力结构，能很好地控制角部位移。洞口上下应对齐。

转角窗两侧墙肢应沿墙全高设置约束边缘构件，其暗柱截面高度应不小于 600mm，这是由于转角梁根部弯矩层层叠加下传至首层墙底时，使墙底弯矩很大，暗柱计算配筋也相应较大，所以需要较大的暗柱截面，另外，也是为了配合楼板暗梁的钢筋锚固。但一般不设端柱，突出建筑墙面也有碍使用。

转角窗两侧的墙肢长度不宜小于 2000mm，这是因为墙肢过短时，可能会出现抗弯不足的情况，使计算配筋太大而难以配置；若不能增加肢长时，则应增加墙厚，至满足计算配筋为止。

为了提高转角窗两侧墙肢的抗震延性，宜把墙肢的抗震等级提高一级，并按提高后的抗震等级来满足轴压比限值的要求。

⑥ 对于错层结构，规范有如下规定。

《高规》10.4.4 抗震设计时，错层处框架柱应符合下列要求：

1 截面高度不应小于 600mm，混凝土强度等级不应低于 C30，箍筋应全柱段加密配置；

2 抗震等级应提高一级采用，一级应提高至特一级，但抗震等级已经为特一级时应允许不再提高。

《高规》10.4.6 错层处平面外受力的剪力墙的截面厚度，非抗震设计时不应小于 200mm，抗震设计时不应小于 250mm，并均应设置与之垂直的墙肢或扶壁柱；抗震设计时，其抗震等级应提高一级采用。错层处剪力墙的混凝土强度等级不应低于 C30，水平和竖向分布钢筋的配筋率，非抗震设计时不应小于 0.3%，抗震设计时不应小于 0.5%。

(2) 竖向不规则

① 转换层

a. 规范规定。

《高规》10.2.8　转换梁设计尚应符合下列规定：

1　转换梁与转换柱截面中线宜重合。

2　转换梁截面高度不宜小于计算跨度的 1/8。托柱转换梁截面宽度不应小于其上所托柱在梁宽方向的截面宽度。框支梁截面宽度不宜大于框支柱相应方向的截面宽度，且不宜小于其上墙体截面厚度的 2 倍和 400mm 的较大值。

3　转换梁截面组合的剪力设计值应符合下列规定：

持久、短暂设计状况　　　　　　$V \leqslant 0.20 \beta_c f_c b h_0$　　　　　　　　　　　　（10.2.8-1）

地震设计状况　　　　　　$V \leqslant \dfrac{1}{\gamma_{RE}} (0.15 \beta_c f_c b h_0)$　　　　　　　　（10.2.8-2）

4　托柱转换梁应沿腹板高度配置腰筋，其直径不宜小于 12mm、间距不宜大于 200mm。

《高规》10.2.10　转换柱设计应符合下列要求：

1　柱内全部纵向钢筋配筋率应符合本规程第 6.4.3 条中框支柱的规定；

2　抗震设计时，转换柱箍筋应采用复合螺旋箍或井字复合箍，并应沿柱全高加密，箍筋直径不应小于 10mm，箍筋间距不应大于 100mm 和 6 倍纵向钢筋直径的较小值；

3　抗震设计时，转换柱的箍筋配箍特征值应比普通框架柱要求的数值增加 0.02 采用，且箍筋体积配箍率不应小于 1.5%。

《高规》10.2.13　箱形转换结构上、下楼板厚度均不宜小于 180mm，应根据转换柱的布置和建筑功能要求设置双向横隔板；上、下板配筋设计应同时考虑板局部弯曲和箱形转换层整体弯曲的影响，横隔板宜按深梁设计。

《高规》10.2.15　采用空腹桁架转换层时，空腹桁架宜满层设置，应有足够的刚度。空腹桁架的上、下弦杆宜考虑楼板作用，并应加强上、下弦杆与框架柱的锚固连接构造；竖腹杆应按强剪弱弯进行配筋设计，并加强箍筋配置以及与上、下弦杆的连接构造措施。

《高规》10.2.16　部分框支剪力墙结构的布置应符合下列规定：

1. 落地剪力墙和筒体底部墙体应加厚；

2. 框支柱周围楼板不应错层布置；

3. 落地剪力墙和筒体的洞口宜布置在墙体的中部；

4. 框支梁上一层墙体内不宜设置边门洞，也不宜在框支中柱上方设置门洞；

5. 落地剪力墙的间距 l 应符合下列规定：

1）非抗震设计时，l 不宜大于 $3B$ 和 36m；

2）抗震设计时，当底部框支层为 1～2 层时，l 不宜大于 $2B$ 和 24m；当底部框支层为 3 层及 3 层以上时，l 不宜大于 $1.5B$ 和 20m；此处，B 为落地墙之间楼盖的平均宽度。

6. 框支柱与相邻落地剪力墙的距离，1～2 层框支层时不宜大于 12m，3 层及 3 层以上框支层时不宜大于 10m；

7. 框支框架承担的地震倾覆力矩应小于结构总地震倾覆力矩的 50%；

8. 当框支梁承托剪力墙并承托转换次梁及其上剪力墙时，应进行应力分析，按应力校核配筋，并加强构造措施。B 级高度部分框支剪力墙高层建筑的结构转换层，不宜采用框支主、次梁方案。

《高规》10.2.17　部分框支剪力墙结构框支柱承受的水平地震剪力标准值应按下列规定采用：

1 每层框支柱的数目不多于 10 根时，当底部框支层为 1～2 层时，每根柱所受的剪力应至少取结构基底剪力的 2%；当底部框支层为 3 层及 3 层以上时，每根柱所受的剪力应至少取结构基底剪力的 3%。

2 每层框支柱的数目多于 10 根时，当底部框支层为 1～2 层时，每层框支柱承受剪力之和应至少取结构基底剪力的 20%；当框支层为 3 层及 3 层以上时，每层框支柱承受剪力之和应至少取结构基底剪力的 30%。

框支柱剪力调整后，应相应调整框支柱的弯矩及柱端框架梁的剪力和弯矩，但框支梁的剪力、弯矩、框支柱的轴力可不调整。

《高规》10.2.19 部分框支剪力墙结构中，剪力墙底部加强部位墙体的水平和竖向分布钢筋的最小配筋率，抗震设计时不应小于 0.3%，非抗震设计时不应小于 0.25%；抗震设计时钢筋间距不应大于 200mm，钢筋直径不应小于 8mm。

《高规》10.2.23 部分框支剪力墙结构中，框支转换层楼板厚度不宜小于 180mm，应双层双向配筋，且每层每方向的配筋率不宜小于 0.25%，楼板中钢筋应锚固在边梁或墙体内；落地剪力墙和筒体外围的楼板不宜开洞。楼板边缘和较大洞口周边应设置边梁，其宽度不宜小于板厚的 2 倍，全截面纵向钢筋配筋率不应小于 1.0%。与转换层相邻楼层的楼板也应适当加强。

b. 其他。

ⓐ 当转换层位置较高时，一般应采用地震作用下少引起转换柱（边柱）柱端弯矩及剪力过大的形式，比如采用斜腹杆桁架结构、斜撑结构、空腹桁架结构等。应尽量避免采用厚板转换结构。如果上下柱网或墙肢很难对齐，一般可采用箱形转换结构。

对转换结构，应采用 2 个以上不同力学模型的软件计算，并做相互比较和分析。可采用弹性时程分析作为补充计算，必要时可采用弹塑性时程分析校核。

ⓑ 采用斜腹杆桁架、空腹桁架作为转换结构时，一般应满足如下要求：斜腹杆桁架或空腹桁架宜整层设置，桁架上弦节点宜与上部框架柱和剪力墙肢的形心对齐；上、下弦杆应按偏心受压或者偏心受拉杆件设计；当其轴向刚度、弯曲刚度考虑相连楼板作用时，应考虑竖向荷载或地震作用下楼板混凝土受拉开裂可能导致刚度退化的影响，宜按不考虑楼板作用复合转换桁架的杆件内力设计。

ⓒ 应加强转换层下部结构的侧向刚度，使转换层上下主体结构侧向刚度尽可能接近、平稳过渡。控制转换层下层与上层的侧向刚度比不小于 0.7，当转换层设置在 3 层及 3 层以上时，其楼层侧向刚度不应小于相邻上部楼层的 0.6；一般不宜出现楼层侧向刚度和受剪承载力同时不满足规范限值的楼层。

ⓓ 对于框支转换结构，框支转换层以下的落地剪力墙和筒体厚度应加厚，落地剪力墙承担的地震倾覆力矩应不小于结构总地震倾覆力矩的 50%。

ⓔ 框支转换的转换层设置在 3 层及 3 层以上时，框支柱及剪力墙底部加强部位的抗震等级宜提高一级，已为特一级时可不再提高；框支梁抗震等级可不提高，但其截面受弯和受剪承载力宜满足大震安全（大震不屈服）的计算要求；框支柱的地震剪力至少按小震 30% 总剪力控制，并进行中震弹性计算。为了使框支层的框架剪力按总剪力 30% 调整后仍满足二道防线的要求，框架按计算分配的剪力不宜大于楼层剪力的 20%。

② 多塔结构。

a. 规范规定。

《高规》10.6.3　抗震设计时，多塔楼高层建筑结构应符合下列规定：

1　各塔楼的层数、平面和刚度宜接近；塔楼对底盘宜对称布置；上部塔楼结构的综合质心与底盘结构质心的距离不宜大于底盘相应边长的 20%。

2　转换层不宜设置在底盘屋面的上层塔楼内。

3　塔楼中与裙房相连的外围柱、剪力墙，从固定端至裙房屋面上一层的高度范围内，柱纵向钢筋的最小配筋率宜适当提高，剪力墙宜按本规程第 7.2.15 条的规定设置约束边缘构件，柱箍筋宜在裙楼屋面上、下层的范围内全高加密；当塔楼结构相对于底盘结构偏心收进时，应加强底盘周边竖向构件的配筋构造措施。

4　大底盘多塔楼结构，可按本规程第 5.1.14 条规定的整体和分塔楼计算模型分别验算整体结构和各塔楼结构扭转为主的第一周期与平动为主的第一周期的比值，并应符合本规程第 3.4.5 条的有关要求。

b. 其他。

ⓐ 多塔结构有三个主要特征：裙房上部有多栋塔楼，如只有一栋塔楼是单塔结构，不是多塔结构，地上应有裙房；如多个塔楼仅通过地下室连为一体，没有裙房，不是严格意义上的多塔结构，但可以参考多塔结构的计算分析方法；裙房应较大，可以将各塔楼连为一体，如仅有局部小裙房但不连为一体，也不是多塔结构。

ⓑ 对于多塔小底盘结构，45°线有可能交于底盘范围之外，就不必再切分，保留原有底盘即可。对于裙房层数较多的多塔结构，不宜再进行高位切分，仅去掉其他塔即可。采用切分多塔结构的离散模型，是不得已而为之的方法，但并不是最理想的分析方式，因其忽略了多塔通过底盘的相互影响。在各塔楼体系不一致，或塔楼层数、质量刚度相差很大，或塔楼布置不规则不对称、塔楼间的相互影响不能忽略时，应考虑采用其他补充计算分析方法，如弹性动力时程分析、弹塑性分析等。

ⓒ 底盘屋面板厚度不宜小于 150mm，并应加强配筋，双层双向拉通。底盘屋面上、下各一层结构楼板也应采取加强措施。多塔楼之间裙房连接体的屋面梁以及塔楼中与裙房连接体相连的外围柱、剪力墙，从地下室顶板起至裙房屋面上一层的高度范围内，柱纵筋最小配筋率宜适当提高（≥10%），柱箍筋宜在裙房楼屋面上、下层的范围内全高加密。

ⓓ 底盘屋面高层高度超过塔楼高度的 20% 时，塔楼在底盘屋面上一层的层间位移角不宜大于底盘楼层最大层间位移角的 1.15 倍；底盘屋面上、下各两层的塔楼周边竖向构件的抗震等级宜提高一级，框架柱箍筋宜全高加密。

ⓔ 多塔结构二道防线分析时，框架部分剪力分担比例宜按各塔楼独立模型（不带裙房）分别计算；多塔结构整体稳定验算时，宜按各塔楼独立模型分别验算刚重比。对于多塔结构，大底盘楼板应按弹性楼板处理；宜采用弹性时程分析法作为补充计算。

③ 带加强层结构。

a. 规范规定。

《高规》10.3.1　当框架-核心筒、筒中筒结构的侧向刚度不能满足要求时，可利用建筑避难层、设备层空间，设置适宜刚度的水平伸臂构件，形成带加强层的高层建筑结构。必要时，加强层也可同时设置周边水平环带构件。水平伸臂构件、周边环带构件可采用斜腹杆桁架、实体梁、箱形梁、空腹桁架等形式。

《高规》10.3.2 带加强层高层建筑结构设计应符合下列规定:

1 应合理设计加强层的数量、刚度和设置位置。当布置 1 个加强层时,可设置在 0.6 倍房屋高度附近;当布置 2 个加强层时,可分别设置在顶层和 0.5 倍房屋高度附近;当布置多个加强层时,宜沿竖向从顶层向下均匀布置。

2 加强层水平伸臂构件宜贯通核心筒,其平面布置宜位于核心筒的转角、T 字节点处;水平伸臂构件与周边框架的连接宜采用铰接或半刚接;结构内力和位移计算中,设置水平伸臂桁架的楼层宜考虑楼板平面内的变形。

3 加强层及其相邻层的框架柱、核心筒应加强配筋构造。

4 加强层及其相邻层楼盖的刚度和配筋应加强。

5 在施工程序及连接构造上应采取减小结构竖向温度变形及轴向压缩差的措施,结构分析模型应能反映施工措施的影响。

《高规》10.3.3 抗震设计时,带加强层高层建筑结构应符合下列要求:

1 加强层及其相邻层的框架柱、核心筒剪力墙的抗震等级应提高一级采用,一级应提高至特一级,但抗震等级已经为特一级时应允许不再提高;

2 加强层及其相邻层的框架柱,箍筋应全柱段加密配置,轴压比限值应按其他楼层框架柱的数值减小 0.05 采用;

3 加强层及其相邻层核心筒剪力墙应设置约束边缘构件。

   b. 其他。

   ⓐ 宜采用两个以上不同的力学模型的软件计算,相互比较与分析。应采用弹性时程分析法做补充计算,必要时宜采用弹塑性时程分析校核。

   ⓑ 结构内力和变形计算时,加强层上、下楼板应考虑平面内变形的影响;加强层上、下楼层刚度比宜按弹性楼盖假定进行整体计算;多遇地震下伸臂杆件的内力,应采用弹性膜假定计算,并考虑楼板可能开裂对面内刚度的影响,必要时宜采用平面内零刚度楼盖进行验算。中震或大震作用下承载力验算时,不宜考虑楼板刚度对伸臂桁架上下弦杆的有利作用。

   ⓒ 加强层相邻下一层核心筒墙体水平分布配筋率应加大。加强层相邻下一层的楼层受剪承载力比,一般较难满足规范要求,建议考虑构件实际截面尺寸和配筋,手算相邻楼层受剪承载力比值,计算上部加强层伸臂和环带桁架的斜撑对楼层受剪承载力贡献时,应考虑斜撑受压屈服的影响。

   ④ 连体结构

   a. 规范规定。

《高规》10.5.2 7 度 (0.15g) 和 8 度抗震设计时,连体结构的连接体应考虑竖向地震的影响。

《高规》10.5.3 6 度和 7 度 (0.10g) 抗震设计时,高位连体结构的连接体宜考虑竖向地震的影响。

《高规》10.5.4 连体结构与主体结构宜采用刚性连接。刚性连接时,连接体结构的主要结构构件应至少伸入主体结构一跨并可靠连接;必要时可延伸至主体部分的内筒,并与内筒可靠连接。

   当连体结构与主体结构采用滑动连接时,支座滑移量应能满足两个方向在罕遇地震作用下的位移要求，并应采取防坠落、撞击措施。罕遇地震作用下的位移要求，应采用时程分析方法进行计算复核。

《高规》10.5.5　刚性连接的连接体结构可设置钢梁、钢桁架、型钢混凝土梁，型钢应伸入主体结构至少一跨并可靠锚固。连接体结构的边梁截面宜加大；楼板厚度不宜小于 150mm，宜采用双层双向钢筋网，每层每个方向钢筋网的配筋率不宜小于 0.25%。

　　当连接体结构包含多个楼层时，应特别加强其最下面一个楼层及顶层的构造设计。

《高规》10.5.6　抗震设计时，连接体及与连接体相连的结构构件应符合下列要求：

　　1　连接体及与连接体相连的结构构件在连接体高度范围及其上、下层，抗震等级应提高一级采用，一级提高至特一级，但抗震等级已经为特一级时应允许不再提高；

　　2　与连接体相连的框架柱在连接体高度范围及其上、下层，箍筋应全柱段加密配置，轴压比限值应按其他楼层框架柱的数值减小 0.05 采用；

　　3　与连接体相连的剪力墙在连接体高度范围及其上、下层应设置约束边缘构件。

《高规》10.5.7　连体结构的计算应符合下列规定：

　　1　刚性连接的连接体楼板应按本规程第 10.2.24 条进行受剪截面和承载力验算；

　　2　刚性连接的连接体楼板较薄弱时，宜补充分塔楼模型计算分析。

　　b. 其他。

　　ⓐ 连体结构连接方式。强连接：当连接体有足够的刚度，足以协调两塔之间的内力和变形时，可设计成强连接形式。强连接又可分为刚接或铰接，但无论采用哪种形式，对于连接体而言，由于它要负担起结构整体内力和变形协调的功能，因此它的受力非常复杂。在大震下连接体与各塔楼连接处的混凝土剪力墙往往容易开裂，在设计时应加强。当采用强连接时，连体结构的扭转效应更明显一些，这是因为连接体部分的存在，使与其相连的两个塔不能独立自由振动，每一个塔的振动都要受另一个塔的约束。两个塔可以同向平动，也可以相向振动。

　　弱连接：当连接体刚度比较弱，不足以协调两塔之间的内力和变形时，可设计成弱连接。弱连接可以做成一端为铰接，另一端为滑动支座，或两端均为滑动支座。对于这种结构形式，由于两塔可以相对独立运动，不需要通过连体部分进行内力和变形协调，因此连接体受力较小，结构整体计算时可不考虑连接体的作用而按多塔计算。弱连接形式的设计重点在于滑动支座的做法，还要计算滑动支座的滑移量，以避免两塔体相对运动较大时连接体塌落或相向运动时连接体与塔楼主体发生碰撞。

　　ⓑ 连体结构连接方式的要求。强连接形式的计算要求。应采用至少两个不同力学模型的三维空间分析软件进行整体内力、位移计算；抗震计算时应考虑偶然偏心和双向地震作用，程序自动取最不利计算，振型数要取得足够多，以保证有效参与系数不小于 90%；应采用弹性动力时程分析、弹塑性静力或动力分析法验算薄弱层塑性变形，并找出结构构件的薄弱部位，做到大震下结构不倒塌；由于连体结构的跨度大，相对于结构的其他部分而言，其连接体部分的刚度比较弱，应注意控制连接体部分各点的竖向位移，以满足舒适度的要求；8 度抗震设计时，连体结构的连接体应考虑竖向地震的影响；连体结构属于竖向不规则结构，应把连体结构所在层指定为薄弱层；连体结构中连接部分楼板狭长，在外力作用下易产生平面内变形，应将连接处的楼板设为"弹性膜"。《高规》10.5.6 条第 1 款也做了规定。可以在"特殊构件补充定义"中人为指定；连体结构中的连接部分宜进行中震弹性或中震不

屈服验算；连体结构内侧和外侧墙体在罕遇地震作用下受拉破坏严重，出现多条受拉裂缝，宜适当提高剪力墙竖向分布筋的配筋率和端部约束边缘构件的配筋面积，以增强剪力墙抗拉承载力。

弱连接形式的计算要求：弱连接形式的计算要求除了强连接的要求外，连体与支座应有十分可靠的连接，要保证连接部位在大震作用下的锚固螺栓不松动变形以致拔出，在设计时应用大震作用下的内力作为拔拉力。

ⓒ 连体结构宜优先采用钢结构，尽量减轻结构自重；当连体结构包含多个楼层时，最下面一层宜采用桁架结构形式。

多遇地震和风荷载作用下，楼板拉应力不宜超过混凝土轴心抗拉强度标准值。连体结构抗震计算应采用弹性时程分析方法作为补充验算：7 度 (0.15g) 和 8 度时连接体应考虑竖向地震影响；6 度和 7 度 (0.10g) 时高度超过 80m 的连接体也宜计算竖向地震作用。跨度较大的连接体，宜采用竖向时程分析法对竖向地震补充复核。

刚性连接的连体部分楼板，应补充楼板截面受剪承载力验算，连体部分楼板的截面剪力可取连体楼板承担的两侧塔楼楼层地震作用力之和的较小值。

连接体主要受力构件宜按中震弹性进行设计，两侧支座及与支座相邻的塔楼构件宜按中震不屈服进行设计。

⑤ 体型收进结构

a. 规范规定。

《高规》10.6.2 多塔楼结构以及体型收进、悬挑结构，竖向体型突变部位的楼板宜加强，楼板厚度不宜小于 150mm，宜双层双向配筋，每层每方向钢筋网的配筋率不宜小于 0.25%。体型突变部位上、下层结构的楼板也应加强构造措施。

《高规》10.6.5 体型收进高层建筑结构、底盘高度超过房屋高度 20% 的多塔楼结构的设计应符合下列规定：

1 体型收进处宜采取措施减小结构刚度的变化，上部收进结构的底部楼层层间位移角不宜大于相邻下部区段最大层间位移角的 1.15 倍；

2 抗震设计时，体型收进部位上、下各 2 层塔楼周边竖向结构构件的抗震等级宜提高一级采用，一级提高至特一级，抗震等级已经为特一级时，允许不再提高；

3 结构偏心收进时，应加强收进部位以下 2 层结构周边竖向构件的配筋构造措施。

b. 其他。体型收进的结构在计算地震作用时，应采用弹性时程法作为补充计算。

⑥ 悬挑结构

a. 规范规定。

《高规》10.6.4 悬挑结构设计应符合下列规定：

1 悬挑部位应采取降低结构自重的措施。

2 悬挑部位结构宜采用冗余度较高的结构形式。

3 结构内力和位移计算中，悬挑部位的楼层宜考虑楼板平面内的变形，结构分析模型应能反映水平地震对悬挑部位可能产生的竖向振动效应。

　　4　7 度（0.15g）和 8、9 度抗震设计时，悬挑结构应考虑竖向地震的影响；6、7 度抗震设计时，悬挑结构宜考虑竖向地震的影响。

　　5　抗震设计时，悬挑结构的关键构件以及与之相邻的主体结构关键构件的抗震等级宜提高一级采用，一级提高至特一级，抗震等级已经为特一级时，允许不再提高。

　　b. 其他。

　　ⓐ 悬挑部分宜优先采用钢结构，以减轻自重；悬挑结构质量相对较大，高阶振型的影响显著，抗震计算应选取足够数量的振型数，并应采用弹性时程分析法进行补充计算和分析。

　　ⓑ 悬挑跨度较大、高度较高时，应补充竖向地震作用的计算，并考虑以竖向地震作用为主的工况组合。

　　ⓒ 挑出部位采用悬挑桁架形式时，应采用弹性膜楼盖假定计算，并考虑楼板可能开裂对面内刚度的影响，必要时宜采用平面内零刚度楼盖假定进行验算。中震或大震承载力验算时，不宜考虑楼板刚度对悬挑桁架上下弦杆的有利作用。

　　ⓓ 对大跨度悬挑结构楼板的竖向振动舒适度进行验算。抗震设计时，悬挑结构的关键构件以及与之相邻的主体结构关键构件的抗震等级应提高一级（已为特一级时不再提高）；悬挑结构关键构件（悬挑部分根部的弦杆、斜腹杆等）的抗震承载力应满足大震不屈服设计要求。

2.5　如何对结构类型超限进行判别？

　　答：结构类型超限的种类一般有四种，即上部钢结构、下部混凝土结构组成的组合高层结构，没有外框柱的筒体结构，没有内部核心筒的框筒结构及巨型框架结构。

　　对于上部钢结构、下部混凝土结构组成的组合高层结构，应重点解决好地震作用计算、结构阻尼比的取值以及上下部分连接可靠的问题；对于没有外框柱的筒体结构，应重点解决好混凝土连梁与墙肢的关系，使连梁起到第一道防线的作用，确保大震下墙肢受力安全；对于没有内部核心筒的框筒结构，由于水平风荷载和地震作用 100％ 由钢筋混凝土外框筒承担，应视为结构类型超限的高层建筑。

第3章

超限性能设计

3.1 在实际设计中应如何确定房屋结构的设计性能?

答: 一般情况,6 度及 7 度区可以把性能目标定位为 C 级,8 度可定位为 D 级。单跨框架结构的抗震性能目标不应低于 C 级,且一般不按超限设计。剪力墙结构或者框架-核心筒结构底部加强区剪力墙满足承载力、构造要求及大震下的弹塑性位移角时,可不设定为关键构件。

3.2 一般哪些构件属于关键构件?

答: 下列构件一般属于关键构件:重要的斜撑构件,扭转变形很大部位的竖向(斜向)构件,长短柱在同一楼层且数量相当多时该层各个长短柱,底部加强部位的重要竖向构件(底部加强区剪力墙、框架柱),水平转换构件及与其相连的竖向支承构件,大悬挑结构的主要悬挑构件,承托上部多个楼层框架柱的腰桁架等。这些构件的共同点是:构件的失效可能引起结构的连续破坏或危及生命安全的严重破坏。

3.3 规范对结构抗震性能目标有哪些规定?

答: 规范有以下规定。

《高规》3.11.1 结构抗震性能设计应分析结构方案的特殊性、选用适宜的结构抗震性能目标,并采取满足预期的抗震性能目标的措施。

结构抗震性能目标应综合考虑抗震设防类别、设防烈度、场地条件、结构的特殊性、建造费用、震后损失和修复难易程度等各项因素选定。结构抗震性能目标分为 A、B、C、D 四个等级,结构抗震性能分为 1、2、3、4、5 五个水准(表 3.11.1),每个性能目标均与一

表 3.11.1 结构抗震性能目标

地震水准 \ 性能水准	A	B	C	D
多遇地震	1	1	1	1
设防烈度地震	1	2	3	4
预估的罕遇地震	2	3	4	5

组在指定地震地面运动下的结构抗震性能水准相对应。

《高规》3.11.2 结构抗震性能水准可按表 3.11.2 进行宏观判别。

表 3.11.2 各性能水准结构预期的震后性能状况

结构抗震性能水准	宏观损坏程度	损坏部位			继续使用的可能性
		关键构件	普通竖向构件	耗能构件	
1	完好、无损坏	无损坏	无损坏	无损坏	不需要修理即可继续使用
2	基本完好、轻微损坏	无损坏	无损坏	轻微损坏	稍加修理即可继续使用
3	轻度损坏	轻微损坏	轻微损坏	轻度损坏、部分中度损坏	一般修理后可继续使用
4	中度损坏	轻度损坏	部分构件中度损坏	中度损坏、部分比较严重损坏	修复或加固后可继续使用
5	比较严重损坏	中度损坏	部分构件比较严重损坏	比较严重损坏	需排险大修

注:"关键构件"是指该构件的失效可能引起结构的连续破坏或危及生命安全的严重破坏;"普通竖向构件"是指"关键构件"之外的竖向构件;"耗能构件"包括框架梁、剪力墙连梁及耗能支撑等。

3.4 中震、大震作用下的性能设计有哪些规定?

答:朱炳寅老师在《高层建筑混凝土结构技术规程应用与分析 JGJ 3—2010》一书中对中震、大震作用下的性能设计做了相关的规定,如表 3-1 所示。

表 3-1 结构在中震和大震下的性能设计要求

性能水准	要 求	
1	中震时,结构构件的正截面承载力及受剪承载力满足弹性设计要求	
2	中震或大震时	(1)关键构件及普通竖向构件:正截面承载力及受剪承载力满足弹性设计要求
		(2)耗能构件:受剪承载力满足弹性设计要求,正截面承载力满足"屈服承载力"设计要求
3	中震或大震时	(1)应进行弹塑性计算分析
		(2)关键构件及普通竖向构件:正截面承载力满足水平地震作用为主的"屈服承载力"设计要求
		(3)水平长悬臂和大跨度结构中的关键构件:正截面承载力满足竖向地震为主的"屈服承载力"设计要求,其受剪承载力满足弹性设计要求
		(4)部分耗能构件:进入屈服,其受剪承载力满足"屈服承载力"要求
		(5)控制大震下结构薄弱层的层间位移角
4	中震或大震时	(1)应进行弹塑性计算分析
		(2)关键构件:正截面承载力及受剪承载力应满足水平地震作用为主的"屈服承载力"设计要求
		(3)水平长悬臂和大跨度结构中的关键构件:正截面承载力满足竖向地震为主的"屈服承载力"设计要求
		(4)部分竖向构件及大部分耗能构件:进入屈服,混凝土竖向构件及钢-混凝土组合剪力墙满足"截面剪压比"要求
		(5)控制大震下结构薄弱层的层间位移角

续表

性能水准		要　求
5	大震时	(1)应进行弹塑性计算分析
		(2)关键构件:正截面承载力及受剪承载力应满足水平地震作用为主的"屈服承载力"设计要求
		(3)竖向构件:较多进入屈服,但同一楼层不宜全部屈服,满足"截面剪压比"要求
		(4)部分耗能构件:发生比较严重的破坏
	(5)控制大震下结构薄弱层的层间位移角	

3.5　工程实例中是如何设置性能目标的?

答:　设置性能目标在工程实例中应用如下。

(1)工程实例 1

该工程抗震设防烈度为 8 度,该项目由商业裙房和三栋塔楼组成,塔楼和裙房之间不设变形缝,该工程地下 4 层,地下 1~4 层层高分别为 6m、4.5m、3.6m、3.6m;裙房地上 5 层,首层层高为 6.0m,其余各层层高均为 5.2m;A 塔地上 28 层,11 层为避难层,结构高度为 135m,功能为银行办公;B 塔地上 11 层,结构高度为 61.9m,功能为金融交易;C 塔地上 15 层,结构高度为 63.9m,功能为五星级酒店。

工程性能设计要求如表 3-2 所示。

表 3-2　工程性能设计要求(1)

地震烈度水准		小震	中震	大震
整体结构性能水准定性描述		完好、无破坏	有破坏,但可修复	不倒塌
层间位移角限值		$h/800$	—	$h/100$
关键构件	A 塔底部加强区域核心筒剪力墙	弹性	抗剪弹性,压弯及拉弯不屈服	抗剪不屈服,按照《高规》式(3.11.3-4)进行截面控制
	A 塔底部加强区域外框柱	弹性	抗剪弹性,压弯及拉弯不屈服	抗剪不屈服,按照《高规》式(3.11.3-4)进行截面控制
	A 塔在裙房顶板对应的相邻上下各一层框架柱	弹性	抗剪弹性	允许进入塑性
	穿层柱、斜柱	弹性	抗剪弹性,压弯及拉弯不屈服	允许进入塑性
	支撑转换梁的柱子	弹性	弹性	允许进入塑性
	托柱转换梁	弹性	弹性	满足极限承载力
	裙房 5 层顶板	弹性	弹性	允许开裂,钢筋可屈服
	裙房层开大洞周边楼板	细化有限元应力分析,混凝土核心层不开裂	细化有限元应力分析,钢筋不屈服	允许开裂,钢筋可屈服

(2)工程实例 2

该工程抗震设防烈度为 8 度,建筑高度为 528m,在结构上采用了含有巨型柱、巨型斜撑及转换桁架的外框筒以及含有组合钢板剪力墙的核心筒,形成了巨型钢-混凝土筒中筒结构体系。

工程性能设计要求如表 3-3 所示。

表 3-3　工程性能设计要求（2）

地震烈度水准		多遇地震	设防地震	罕遇地震
结构整体性能		不损坏	可修复的损坏	无倒塌
层间位移限值		$h/500$	—	$h/100$
主要抗侧构件性能	核心筒墙体 压弯	弹性（按规范设计要求）	弹性（底部加强部位）	允许进入塑性，控制材料应变
	核心筒墙体 拉弯		不屈服（其他楼层及次要墙体）	
	核心筒墙体 抗剪		弹性	抗剪截面，不屈服
	核心筒连梁		允许进入塑性	最早进入塑性
	巨型柱		弹性	可修复；控制变形 $\theta<\theta_{IO}$
	次框架、小柱、边梁		不屈服	可修复；控制变形 $\theta<\theta_{LS}$
	巨型斜撑		弹性	可修复；控制变形 $\theta<\theta_{IO}$
	转换桁架		弹性	不屈服
	角部桁架、帽桁架		弹性	可修复；控制变形 $\theta<\theta_{IO}$

注：h 为层高；θ 为塑性铰转角；θ_{IO} 为 IO 阶段对应塑性铰转角限值；θ_{LS} 为 LS 阶段对应塑性铰转角限值。

（3）工程实例 3

该工程抗震设防烈度为 8 度，建筑高度为 183m，结构高度为 179.45m，地上 39 层，地下 3 层，采用型钢混凝土框架-钢筋混凝土核心筒结构体系。本塔楼的结构特点为不设置伸臂桁架和腰桁架，平面形状为矩形，纵向较窄，横向柱网为大小跨。

工程性能设计要求如表 3-4 所示。

表 3-4　工程性能设计要求（3）

地震烈度水准		多遇地震	设防烈度地震	罕遇地震
性能水平定性描述		不损坏	可修复损坏	无倒塌
层间位移角限值		1/680	—	1/100
核心筒墙肢	压弯、拉弯	弹性	底部加强部位不屈服，其他楼层及次要墙体不屈服	允许进入塑性
	抗剪	弹性	底部加强部位承载力弹性，过渡区承载力不屈服，过渡区往上宜承载力不屈服	满足不屈服截面控制条件
核心筒连梁		弹性	允许进入塑性	最早进入塑性
外框梁		弹性	允许进入塑性	允许进入塑性
外框柱		弹性	不屈服	允许进入塑性
其他结构构件		弹性	允许进入塑性	允许进入塑性
节点		不先于构件破坏		

（4）工程实例 4

该工程抗震设防烈度为 6 度，主楼建筑高度为 243m，采用钢筋混凝土框架-核心筒结构。综合考虑结构体系特点、超限程度及分析结果，主楼结构抗震性能目标为 C 级。

工程性能设计要求如表 3-5 所示。

表 3-5   工程性能设计要求（4）

地震烈度水准		小震	中震	大震
结构抗震性能水准		1	3	4
层间位移角限值		1/600	1/400	1/100
损坏部位	转换桁架及支撑柱、转换斜柱以及承受较大拉力的楼面梁	无损坏（弹性）	无损坏（弹性）	轻微损坏（抗弯不屈服，抗剪弹性）
	剪力墙底部加强区及相应部位的框架柱	无损坏（弹性）	轻微损坏（抗弯不屈服，抗剪弹性）	轻度损坏（抗弯不屈服，满足抗剪截面控制条件）
	剪力墙非底部加强区及相应部位的框架柱	无损坏（弹性）	轻微损坏（抗弯不屈服，抗剪弹性）	部分构件中度损坏（抗弯屈服，满足抗剪截面控制条件）
	框架梁、连梁	无损坏（弹性）	部分中度损坏（抗弯屈服，抗剪不屈服）	中度损坏、部分比较严重损坏（抗弯屈服，满足抗剪截面控制条件）

（5）工程实例 5

该工程抗震设防烈度为 6 度，结构高度为 224.8m，属超高层结构，建筑高宽比达到了 10.8。工程性能设计要求如表 3-6 所示。

表 3-6   工程性能设计要求（5）

构件类别		地震烈度水准		
		小震	中震	大震
关键构件	所有混凝土筒体外墙和底部加强区范围内的其他剪力墙（包括混凝土筒体内墙和非组合筒体剪力墙），底部加强区范围内的框架柱，转换构件（梁、柱）	弹性	抗剪弹性，抗弯不屈服	抗剪不屈服，抗弯不屈服
普通竖向构件	非底部加强区范围内的混凝土筒体内墙和非混凝土筒体剪力墙，非底部加强区范围内的框架柱	弹性	抗剪弹性，抗弯不屈服	满足抗剪截面限制条件，部分屈服
耗能构件	框架梁，连梁	弹性	抗剪不屈服，抗弯部分屈服	大部分屈服

（6）工程实例 6

该工程抗震设防烈度为 7 度，结构高度 162.65m，采用框架-核心筒结构，框架柱采用适应建筑立面的内收和外张的斜柱。

工程性能设计要求如表 3-7 所示。

表 3-7   工程性能设计要求（6）

地震烈度水准			小震	中震	大震
层间位移角限值			1/760	—	1/100
构件性能	核心筒墙肢	底部加强部位及斜柱外张段(13~22层、31~40层)	按抗震要求设计，弹性	截面抗剪承载力按弹性设计，偏拉、偏压承载力不屈服	允许部分进入塑性，抗剪截面不屈服，满足截面控制条件
		一般部位	按抗震要求设计，弹性	截面抗剪承载力按不屈服设计，偏拉、偏压承载力不屈服	允许部分进入塑性
		核心筒连梁	按抗震要求设计，弹性	允许进入塑性	允许部分进入塑性
	框架柱	底部加强部位、转折层及其上下各一层	按抗震要求设计，弹性	保持弹性	不屈服
		一般部位	按抗震要求设计，弹性	不屈服	允许部分进入塑性
	转折层及其上下各一层框架梁		按抗震要求设计，弹性	拉弯承载力按弹性设计	允许部分进入塑性，控制损伤
	框架梁（一般层）		按抗震要求设计，弹性	允许部分进入塑性	允许部分进入塑性
	楼板	转折层及其上下各一层	按抗震要求设计，弹性	不屈服	允许部分进入塑性，控制混凝土损伤，钢筋不屈服

第 **4** 章

超限性能设计针对措施实例

4.1 如何理解超限性能设计针对措施?

答: 从构件的角度,有梁、板、柱、墙等构件,当出现超限时,用软件进行性能分析,最终的落脚点都是增大梁、板、柱、墙的截面尺寸,提高梁、板、柱、墙的配筋率,提高梁、板、柱、墙的抗震等级(提高延性),提高混凝土强度等级,控制墙体剪压比及轴压比等,但是在实际工程中,如何根据工程的具体情况及性能分析结果把以上几点去量化是最难的,需要工程经验才能减少无用功。无论怎么样,采用的措施无非就是"抗"及"调","抗"就是用截面去抵抗,用配筋去抵抗,提高构件的延性;"调"就是把力流引开,最后对一些出现损伤的地方采取各种措施去提高其延性。当我们没有工程经验时,可以多看别人的做法,总结出规律,碰到相同类型的项目,就套用此加强方法。

4.2 具体工程中如何采取结构超限应对措施?

答: 结构超限应对措施在具体工程中的应用举例如下。

(1) 实例 1

① 项目基本情况。沈阳某项目地上 40 层,结构主要屋面高度为 145.4m;地下为 3 层,地下 3 层建筑标高为−14.65m;塔楼采用带转换层的框架-剪力墙结构,落地剪力墙从基础顶面至主楼屋顶,墙肢的厚度从底部 700mm 变至顶部 400mm,两端局部墙内设置了型钢。1~5 层为底层商业,1 层层高为 6.00m,2~5 层层高均为 5.00m;6~11 层、13~25 层、27~40 层均为酒店式公寓,6 层层高为 5.4m,其余层层高均为 3.35m;12 层、26 层为避难层,层高为 3.4m。主楼标准层平面为 L 形,高宽比 1.44,长宽比 1.41,裙房在 L 形中间部位,主楼东西方向长 62m,南北方向长 58m,标准层宽 20m,L 形角部连接部分上部为电梯井,下部为商业的入口大堂。

② 性能设计分析。个别端柱拉应力大于 f_{tk},故在其内部增设型钢,使型钢承担全部拉应力。大部分剪力墙墙肢混凝土受压损伤因子较小,混凝土应力均未超过峰值强度,基本处于弹性工作状态。转换构件相邻的墙肢、裙房顶部位置的剪力墙墙肢发生一定的损伤破坏。结构其他部位型钢混凝土柱内型钢没有发生塑性应变,柱内钢筋塑性应变也很小。但型钢混凝土柱与普通混凝土柱相接位置的普通混凝土柱内的钢筋发生了较大的塑性应变。

③ 结构超限应对措施。2 层转换部分相关范围内楼板板厚 200mm,双层双向配筋,单

侧配筋率不小于 0.3%，其他部位楼板板厚 150mm，双层双向配筋。针对框架部分承担的楼层地震剪力，底部加强部位按 $0.25V_0$ 进行调整，其他部位按 $0.20V_0$ 进行调整，保证框架结构第二道防线。不同构件根据性能目标进行性能化设计；底部加强部位墙肢构造的抗震等级采用特一级，普通墙体轴压比大于 0.3 处及一字墙轴压比大于 0.25 处配置约束边缘构件。构件根据分角度模型及分塔楼模型进行包络设计；转换构件（转换梁、转换柱、斜撑）根据分角度模型及按从属面积荷载模型进行包络设计，抗震构造措施采用特一级。

（2）实例 2

① 项目基本情况。山东省青岛市某复杂的科技楼总建筑面积为 15782.45m²，地上 6 层，1 层、2 层层高为 6.0m，3 层层高为 5.0m，4~6 层层高为 4.2m，屋架高 3.0m。科技楼 1 层、2 层为带裙房的大底盘，平面尺寸为 108m×113.7m，3 层由角部的 4 个塔楼组成，4~6 层为完整的回字形建筑，回字形建筑外围平面尺寸为 81m×81m，内部洞口平面尺寸为 57.2m×57.2m。

该结构超限项为：a. 4~6 层楼板开洞面积占整层楼板面积的 49.8%（>30%），属于楼板不连续、对水平荷载的传递相当不利，且部分梁的跨度达到 18m，需要对其进行一系列的受力分析以保证受力可靠。b. 各层中间均存在跃层柱，且个别柱的高度达到了 16.9m，保证其承载安全就显得尤为重要。框架抗震等级为三级，剪力墙抗震等级为二级，部分重要框架、大跨度框架的抗震等级提高至二级。

② 性能设计分析。从出铰顺序来看，框架梁梁端最先出现塑性铰，主要集中在与四周剪力墙相连的部位，甚至部分框架梁梁端达到了严重损伤，满足在大震作用下框架梁总体中度损伤、部分严重损坏的要求。结构通过自身框架梁的开裂变形耗散了一部分能量，而此时重要的竖向构件并没有出现严重的损伤，所以基本上能够满足设定的抗震性能目标。5 层铰屈服可以清楚地看到墙柱都处于线性状态，并且跃层柱能够在大震作用下保持完好。

整栋楼的有效温度应力大部分处在 5.0MPa 以下，2 层楼板（厚 250mm）的有效温度应力明显大于其他楼层，大部分处于 2.12~5.0MPa 范围内；3 层只有建筑的四个角部存在结构楼板，剪力墙周边楼板的温度应力大部分为 0.95MPa，明显大于该层其他位置；4 层由于首次出现完整的回字形楼板，回字每边中间部位的温度应力为 0.65~1.0MPa；相比 4 层，5 层、6 层楼板的有效温度应力较小，处于 0.53~0.95MPa 范围内；屋面的温度应力大部分在 1.0MPa 左右，比 5 层、6 层的应力稍微大一些。该科技楼每层的拐角、洞边以及洞口角部位置应力集中现象显著，剪力墙附近及 18m 大跨主梁范围内的楼板应力明显高于其他部位。

③ 结构超限应对措施。针对本工程平面尺寸超长的特点，设置后浇带，楼板长向采用通长配筋，并加强长向梁的通长钢筋及腰筋。该工程存在部分跃层柱，为增强其抗震性能，应加大跃层柱的截面，严格控制轴压比和长细比，适当提高配筋率。该工程 3 层四个角部区域的竖向结构构件对整体结构非常重要，在计算时将 3 层强制设为薄弱层，对其地震剪力进行放大，并采取加大剪力墙厚度及配筋率、提高混凝土强度等级、控制墙体剪压比及轴压比等措施，较长墙肢通过开结构洞口来提高延性。

该工程 4~6 层楼、电梯处的楼板削弱较大，通过设剪力墙、增加板厚并双层双向配筋等措施来保证水平荷载的有效传递。该工程中的大跨度框架部分抗震等级提高至二级，计算时考虑竖向地震作用，加大框架梁截面及配筋并适当起拱，控制挠度及裂缝。

（3）实例 3

① 项目基本情况。沈阳某酒店 a 19 层部位连廊建筑面积 1775.7m²。酒店 a 地上 25 层，地下 2 层；酒店 b 地上 21 层，地下 2 层。项目的结构总高度为 99.95m，建筑总高度为 111.95m。酒店 a、酒店 b 及部分裙房的地下室部分与周围无上部结构地下室连为一整体，地下室范围塔楼与裙房（或无上部结构地下室）间设沉降后浇带，地面以上两座酒店塔楼与各自 3～4 层裙楼连为整体，两座酒店塔楼自然分开，每座酒店塔楼各为独立建筑。建筑效果标新立异，但结构体系非常复杂，同时存在高位连体，悬挑构件较多、跨度大，局部扭转效应比较突出等问题。酒店 a：在 3 层处设有悬挑 18m 的雨篷，4 层局部设有最大悬挑 13m 的结构构件；5～18 层局部客房悬挑出去（悬挑约为 5.2m）；19～21 层悬挑约为 30m，与酒店 b 悬挑部分（悬挑约为 40m）连为悬挑结构，形成空中楼层。

平面不规则：酒店 a、酒店 b 的 2 层楼板局部均开大洞，开洞总面积超过楼面面积的 30%，在扣除凹入或开洞后，楼板在任一方向的最小净宽度大于 5m。

竖向不规则：19～21 层楼层高位连体，且悬挑大于 30m，属于严重不规则。双塔平面连接为非对称布置连接，地震作用下两塔楼的振动同步性难以一致，扭转效应非常明显。酒店 a、酒店 b 连体结构分析时首层建筑角点最大位移比超过 1.4，但这时绝对层间位移值很小，均小于规范限值 40%；位移比超过 1.4 的楼层均集中在 19～21 层。

② 性能设计分析。底部加强区及上一层处的框架柱及剪力墙未出现塑性变形，保持不屈服；其余楼层少数框架柱及少数剪力墙出现轻微损伤，主要集中在高位连体处及相邻 2 层处。

酒店 a 在 3 层处的无拉索悬挑 18m 的雨篷、19～21 层悬挑出的空中楼层和酒店 b 悬挑 2 层讲演厅的钢框架梁构件及所有钢支撑均出现少数的塑性，但最大塑性应变远小于钢材屈服应变，所有钢构件均没有发生屈曲破坏。

③ 结构超限应对措施。控制墙柱轴压比，型钢混凝土柱轴压比不大于 0.85（一级），剪力墙轴压比不大于 0.5（一级），以提高墙柱的延性。增加结构抗侧刚度，减小结构侧向位移。酒店 a、酒店 b 两座塔楼在地面以上本来是完全分开的，平面形状简单规则，但由于 19～21 层的悬挑楼层，将两塔楼连接在一起，在水平力作用下，由悬挑楼层来协调，应适当增加悬挑楼层的刚度使两塔楼变形协调。

控制结构顶点最大加速度，确保高层建筑结构具有良好的使用条件，满足舒适度要求。跃层柱及与讲演厅、高位连体相连的框架柱采用型钢混凝土柱，并且提高抗震构造措施，剪力墙及框架柱的抗震等级采用一级。底部加强部位及相邻上一层的墙肢水平筋满足设防地震作用下的弹性要求，竖向钢筋满足设防地震作用下不屈服的要求。

考虑到地下室对上部结构的嵌固作用，在地下室各层增加了混凝土墙体，满足嵌固条件。同时，±0.000m 处楼板加厚至 200mm，采用双层双向配筋，保证配筋率不小于 0.3%；对楼板开洞处应采用洞口边加梁，使其楼板平面内刚度足够将塔楼底层的剪力传递至较大范围直至四周的连续墙，进而作用在四周的土体中。

第5章

超限小震弹性分析（反应谱法及时程分析方法）

5.1 YJK 的设计思维与逻辑关系是什么？

答： 对于常规的混凝土结构，用 YJK 对其进行建模与分析的流程大同小异。先把嵌固端取在地下室顶板，把轴网布置好，或者导入：轴线＋柱、墙、梁，然后根据建筑图的外立面、功能需求、跨度，结合经验初步布置以上构件，然后输入板厚、荷载（恒荷载＋活荷载＋梁上线荷载＋板间线荷载），给楼板开洞，完成第一个主要的标准层（平面及结构布置一样，所有荷载也一样）布置，然后用此标准层进行楼层组装，第一次调模型。

当模型调好后，在此基础上进行标准层复制，完成其他标准层的布置，把地下室（带两跨）插入第一标准层，最后重新进行楼层组装，让整个结构的各个指标都满足规范要求，最后进行施工图绘制与基础设计。

用 YJK 对不同的结构类型进行设计时，初学者往往看不懂建筑图，如果没有经验，对结构进行布置时可能会不知所措，所以需要根据相关资料、内部技术措施去进行结构布置。对基础进行设计时，最重要的就是总荷载的计算与分配，基础截面的取值与基床系数、桩抗压及抗拔刚度的填写，计算方法与原则的选取（一般程序内有几种选择），钢筋级别的选取，混凝土强度等级的选取。一般都是参照类似的工程经验与计算结果去协调，构件的截面按经验取值，刚度此时已经基本协调好了，只需要进一步根据计算结果进行大致的修改。

5.2 小震弹性分析（反应谱法）参数如何设置？

答： 某 6 度区高层剪力墙住宅，抗震等级为三级，点击"前处理及计算"→"计算参数"，如图 5-1 所示，按照实际工程填写参数。

5.2.1 结构总体信息

结构总体信息界面见图 5-2。

图 5-1　前处理及计算

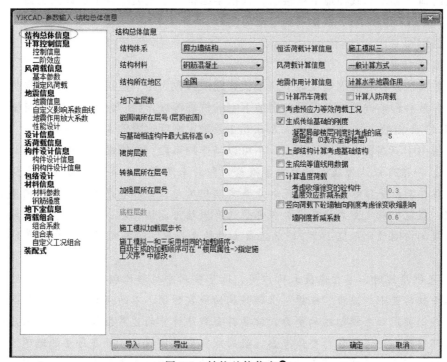

图 5-2　结构总体信息❶

（1）结构体系

软件共提供多个选项，常用的是：框架结构、框剪结构、框筒结构、筒中筒结构、剪力墙结构、砌体结构、底框结构、部分框支剪力墙结构等。对于装配式结构，程序提供了四个选项：装配整体式框架结构、装配整体式剪力墙结构、装配整体上部分框支剪力墙结构及装配整体式预制框架-现浇剪力墙结构。设置不同的结构体系，程序按不同的结构规范要求计算。这里需注意框剪结构和剪力墙结构的区别。当框架部分承受的地震倾覆力矩不大于10%时，按剪力墙结构体系，相反则按框剪结构体系。

本项目选择：剪力墙结构。

（2）结构材料

软件提供钢筋混凝土结构、钢与混凝土混合结构、钢结构、砌体结构共4个选项。应根据实际项目选择该选项，现在做的住宅、高层等一般都是钢筋混凝土结构。

本项目选择：钢筋混凝土。

（3）结构所在地区

一般选择全国，上海、广州的工程可采用当地的规范。

---

❶　软件界面中有"砼"字，意为混凝土，正文中均已修改，图中不作修正，特此说明。

本项目选择：全国。

（4）地下室层数

应根据实际工程填写。一般指与上部结构同时进行内力分析的地下室部分的层数。该参数对结构整体分析与设计有重要影响，如：①地下室侧向约束的施加；②地下室外墙平面外设计；③风荷载计算时，起算位置为地下室顶板；④剪力墙底部加强区起算位置为地下室顶板；⑤人防荷载必须加载在地下室楼层；⑥框架结构底层地震组合下设计内力调整；⑦各项楼层指标判断及调整对地下室楼层的过滤等内容。

本项目填写：1。

（5）嵌固端所在层号（层顶嵌固）

该参数需注意，若嵌固端在地下室顶板，则该参数为地下室层数；若嵌固端为基础，则为零。该参数会影响嵌固端及以下各层地下室的抗震等级，《抗规》6.1.14 条对梁、柱钢筋进行调整（1.1 倍放大）；按《高规》3.5.5.2 条确定刚度比限值大于 0.5 等。

本项目由于三面覆土是坡地形式，不可以当作约束面。嵌固端所在层号填写 0。

注：① 一般可以认为嵌固端为力学概念，即约束所有自由度，嵌固部位是预期塑性铰出现的部位，其水平位移为零，规范和众多文章中对与嵌固端和嵌固部位的用词不做区分不是很合理，规范中确定剪力墙底部加强部位的嵌固端可以认为是嵌固部位。在设计时，地下一层与首层侧向刚度比不宜小于 2，加上覆土的约束作用，预期塑性铰会出现在地下室顶板部位。

② 满足刚度比时，不考虑覆土的作用，地下室水平位移比较小。覆土的作用是约束地下室的水平扭转变形，逐步"吃掉"上部结构的地震作用，不约束竖向位移和竖向转动。在设计时，我们要用程序模拟结构受力，就要符合程序计算的边界条件，程序是采用弹簧刚度法，将上部结构和地下室作为整体考虑，嵌固端取基础底板处，并在每层的地下室楼板处引入水平土弹簧刚度，反映回填土对地下室的约束作用，所以在实际设计中，嵌固端设在地下室顶板时，除了满足刚度比、板厚、梁板楼盖、水平力传递要连续的要求外，还要满足四周均有覆土，或者三面有覆土且基本上能约束住地下室部分的水平扭转变形的要求，某些局部构件的设计应进行包络设计（三面有覆土时，将嵌固端下移）。如果实际情况与程序计算的边界条件不符，应将嵌固端下移。

③ "嵌固端所在层号"此项为重要参数，程序根据此参数实现以下功能：a. 确定剪力墙底部加强部位，延伸到嵌固层下一层；b. 根据《抗规》6.1.14 条和《高规》12.2.1 条将嵌固端下一层的柱纵向钢筋相对上层相应位置柱纵筋增大 10%，梁端弯矩设计值放大 1.3 倍；c. 按《高规》3.5.2.2 条规定，当嵌固层为模型底层时，刚度比限值取 1.5；d. 涉及"底层"的内力调整等，程序针对嵌固层进行调整。

《抗规》6.1.3-3 当地下室顶板作为上部结构的嵌固部位时，地下一层的抗震等级应与上部结构相同，地下一层以下抗震构造措施的抗震等级可逐层降低一级，但不应低于四级。地下室中无上部结构的部分，抗震构造措施的抗震等级可根据具体情况采用三级或四级。

《抗规》6.1.10 抗震墙底部加强部位的范围，应符合下列规定：

1 底部加强部位的高度，应从地下室顶板算起。

　　2　部分框支抗震墙结构的抗震墙，其底部加强部位的高度，可取框支层加框支层以上两层的高度及落地抗震墙总高度的 1/10 二者的较大值。其他结构的抗震墙，房屋高度大于 24m 时，底部加强部位的高度可取底部两层和墙体总高度的 1/10 二者的较大值；房屋高度不大于 24m 时，底部加强部位可取底部一层。

　　3　当结构计算嵌固端位于地下一层的底板或以下时，底部加强部位尚宜向下延伸到计算嵌固端。

《抗规》6.1.14　地下室顶板作为上部结构的嵌固部位时，应符合下列要求：

　　1　地下室顶板应避免开设大洞口；地下室在地上结构相关范围的顶板应采用现浇梁板结构，相关范围以外的地下室顶板宜采用现浇梁板结构；其楼板厚度不宜小于 180mm，混凝土强度等级不宜小于 C30，应采用双层双向配筋，且每层每个方向的配筋率不宜小于 0.25%。

　　2　结构地上一层的侧向刚度，不宜大于相关范围地下一层侧向刚度的 0.5 倍；地下室周边宜有与其顶板相连的抗震墙。

　　3　地下室顶板对应于地上框架柱的梁柱节点除应满足抗震计算要求外，尚应符合下列规定之一：

　　1）地下一层柱截面每侧纵向钢筋不应小于地上一层柱对应纵向钢筋的 1.1 倍，且地下一层柱上端和节点左右梁端实配的抗震受弯承载力之和应大于地上一层柱下端实配的抗震受弯承载力的 1.3 倍；

　　2）地下一层梁刚度较大时，柱截面每侧的纵向钢筋面积应大于地上一层对应柱每侧纵向钢筋面积的 1.1 倍；同时梁端顶面和底面的纵向钢筋面积均应比计算增大 10% 以上。

　　4　地下一层抗震墙墙肢端部边缘构件纵向钢筋的截面面积，不应少于地上一层对应墙肢端部边缘构件纵向钢筋的截面面积。

　　（6）与基础相连构件最大底标高

　　用来确定柱、支撑、墙柱等构件底部节点是否生成支座信息，如果某层柱或支撑或墙柱底节点以下无竖向构件连接，且该节点标高位于"与基础相连构件最大底标高"以下，则该节点处生成支座。

　　一般来说，上部结构的底部的一层和基础相连。但是也有不等高嵌固的情形，如图 5-3 所示，左边单层框架设独立柱基，右边的主楼下设筏板。

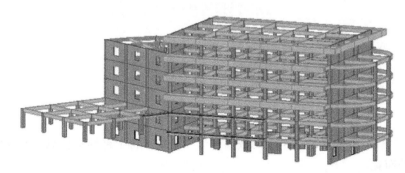

图 5-3　不等高嵌固

　　对于上述不等高嵌固情形，应按以下 3 步操作。

① 在楼层组装时，与基础相连构件的最大底标高应设为 3.6m（第 2 自然层层底标高，见图 5-4）。

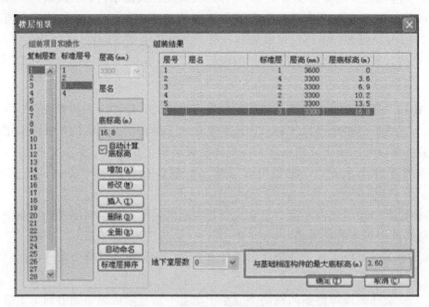

图 5-4　不等高嵌固软件设置（1）

② 基础建模参数设置中，指定"与基础相连的最大楼层号"为普通楼层，楼层号填入"2"（图 5-5）。

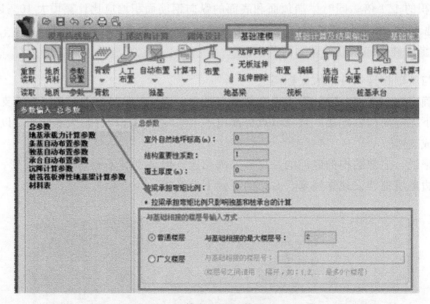

图 5-5　不等高嵌固软件设置（2）

③ 点击"重新读取"，按"不等高嵌固情形"重新获得上部结构信息，并在此基础上进行基础构件的布置。

（7）裙房层数

按实际情况输入。《抗规》6.1.10 条文说明指出：有裙房时，加强部位的高度也可以延伸至裙房以上一层。软件确定剪力墙底部加强部位高度时，总是将裙房以上一层作为加强区高度判定的一个条件，如果不需要，直接将该层数填零即可。

软件规定，裙房层数应包括地下室层数（包括人防地下室层数）。例如，建筑物在±0.000 以下有 2 层地下室，在±0.000 以上有 3 层裙房，则在总信息的参数"裙房层数"项内应填 5。

本项目填写：0。

（8）转换层所在层号

确定结构底部加强区位置，进一步确定剪力墙边缘构件的配筋。

《高规》10.2.2　带转换层的高层建筑结构，其剪力墙底部加强部位的高度应从地下室顶板算起，宜取至转换层以上两层且不宜小于房屋高度的 1/10。

输入转换层号，程序可自动判断加强区层数。

根据《高规》附录 E 的规定，转换层在 1、2 层时，其上、下层要满足剪切刚度比的要求；转换层在 2 层以上时，要满足剪弯刚度比的要求。当用户输入的转换层号在 2 层以上时，计算程序将按照剪弯刚度比的算法，计算并输出转换层上下楼层的刚度比。程序在计算 2 层以上转换的剪弯刚度比时会自动扣除地下室。

自动设置为薄弱层，前提是勾选了转换层自动划分为薄弱层，这个设置在"设计信息"里面的"薄弱层判断与调整"。

若有地下室，转换层号从地下室算起，假设地上第 3 层为转换层，地下有 2 层，则转换层号填：5。

本项目填写：0。

（9）加强层所在层号

此参数影响的是《高规》第 10 章中加强层。设置了加强层，程序按《高规》强调部分如轴压比限值降低 0.05，柱子全长加密，设约束边缘构件等，此条常规项一般没有，超高层筒体结构较多，加强层一般设水平悬挑桁架，周边环带达到加强的效果。

本项目填写：0。

（10）施工模拟加载层步长和施工模拟选项

施工模拟加载层步长指按照施工模拟三或者施工模拟一计算时，每次加载的楼层数量，一般默认为 1 不用改。施工模拟选项：多高层建筑一般为施工模拟三。施工模拟一为施工模拟三的近似，通过一次性形成刚度然后再加上恒载对其下一层的内力和位移进行影响，一般粗略计算、快速计算、节省时间时可以选。但是建议一般还是选施工模拟三。

单独构件修改施工次序：在前处理的楼层属性中修改。比如我们设计斜撑只是承担水平荷载，此时若把其施工次序号改到最后，则所受轴力将大幅减小，满足结构设计意图。

有时候加强层的水平伸臂为减小内外筒变形产生的施工过程中的应力，也通常将伸臂桁架中的腹杆施工次序后延，减小桁架受力。

有时在高低跨间，交接处的梁应力配筋都很大，此时程序上可以将低跨的施工次序后延，工程实际操作时仅仅只是设一条后浇带就可以将实际可能的较大应力解决。如塔楼周边的地下室顶板就通常设置后浇带，就是为了减小这种高低跨变形不同产生的较大荷载。

① 一次性加载计算。主要用于多层结构，而且多层结构最好采用这种加载计算法。因为施工过程中的层层找平对多层结构的竖向变位影响很小，所以不要采用模拟施工方法计

算。对于框架-核心筒类结构，由于框架和核心筒的刚度相差较大，使核心筒承受较大的竖向荷载，导致二者之间产生较大的竖向位移差。这种位移差常会使结构中间支柱出现较大沉降，从而使与上部楼层相连的框架梁端负弯矩很小或不出现负弯矩，造成配筋困难。一次性加载的计算方法仅适用于低层结构或有上传荷载的结构，如吊柱以及采用悬挑脚手架施工的长悬臂结构等。

② 施工模拟加载一。按一般的施工模拟方法加载，对高层结构，一般都采用这种方法计算。但是对于"框架-剪力墙结构"，采用这种方法计算在导给基础的内力中剪力墙下的内力特别大，使得其下面的基础难以设计，于是就有了下一种竖向荷载加载法。

③ 施工模拟加载三。采用分层刚度、分层加载型，适用于多高层无吊车结构，更符合工程实际情况，推荐适用；施工模拟加载一和施工模拟加载三的比较计算表明，施工模拟加载三计算的梁端弯矩、角柱弯矩更大，因此，在进行结构整体计算时，如条件许可，应优先选择施工模拟加载三来进行结构的竖向荷载计算，以保证结构的安全。施工模拟加载三的缺点是计算工作量大。

本项目："施工模拟加载步长"填写1，"恒活荷载计算信息"填写"施工模拟三"。

（11）风荷载计算信息

① 风荷载。不计算风荷载。

② 一般计算方式。软件先求出某层 X、Y 方向水平风荷载外力 F_X、F_Y，然后根据该层总节点数计算每个节点承担的风荷载值，再根据该楼层刚性楼板信息计算该刚性板块承担的总风荷载值并作用在板块质心；如果是弹性节点，则直接施加在该节点上，最后进行风荷载计算。

③ 精细计算方式。软件先求出某层 X、Y 方向水平风荷载外力 F_X、F_Y，然后搜索出 X、Y 方向该层外轮廓，将 F_X、F_Y 分别施加到相应方向外轮廓节点上，并在侧向节点上同时作用侧向风产生的节点力，然后进行风荷载计算。由于精细计算方式的风荷载只作用在外轮廓节点上，因此在计算某一方向风荷载时，软件将区分正向风与逆向风。对于房屋顶层，设计人员在确定风荷载施加方向（X 向或 Y 向）后，软件自动计算风荷载并换算成梁上分布荷载。软件在输出风荷载工况时，对于 X 向风，将输出$+W_X$、$-W_X$ 两种工况，对于 Y 向风，将输出$+W_Y$、$-W_Y$ 两种工况。

本项目选择："一般计算方式"。该方法更方便快捷，也满足精度要求。

（12）地震作用计算信息

程序提供6个选项，分别是：不计算地震作用、计算水平地震作用、计算水平和规范简化方法竖向地震作用、计算水平和反应谱方法竖向地震作用（整体求解）、计算水平和反应谱方法竖向地震作用（独立求解）、计算水平和反应谱方法竖向地震作用（局部模型独立求解）。

不计算地震作用：对于不进行抗震设防的地区或者地震设防烈度为6度时的部分结构，《抗规》3.1.2条规定可以不进行地震作用计算。《抗规》5.1.6条规定：6度时的部分建筑，应允许不进行截面抗震验算，但应符合有关的抗震措施要求。因此在选择"不计算地震作用"的同时，仍要在"地震信息"页中指定抗震等级，以满足抗震构造措施的要求。

计算水平地震作用：计算 X、Y 两个方向的地震作用，普通工程选择该项。

计算水平和规范简化方法竖向地震作用：按《抗规》5.3.1条规定的简化方法计算竖向地震。

计算水平和反应谱方法竖向地震作用：按《高规》4.3.14规定，跨度大于24m的楼盖结构、跨度大于 12m 的转换结构和连体结构、悬挑长度大于 5m 的悬挑结构，结构竖向地震作用效应标准值宜采用时程分析方法或振型分解反应谱方法进行计算。

本项目填写：计算水平地震作用。

（13）计算吊车荷载

该参数用来控制是否计算吊车荷载。如果设计人员在建模中输入了吊车荷载，则软件会自动勾选该项。如果工程中输入了吊车荷载而又不想在结构计算中考虑时，可不勾选该项。

该选项同时影响荷载组合，勾选该项，则荷载组合时将考虑吊车荷载。

本项目不勾选。

（14）计算人防荷载

该参数用来控制是否计算人防荷载。如果设计人员在建模中输入了人防荷载，则软件会自动勾选该项。如果工程中输入了人防荷载而又不想在结构计算中考虑时，可不勾选该项。该选项同时影响荷载组合，勾选该项，则荷载组合时将考虑人防荷载。

本项目不勾选。

（15）考虑预应力等效荷载工况

应根据实际工程填写。

本项目不勾选。

（16）生成传给基础的刚度

勾选此项的意义在于，将上部结构的刚度凝聚到基础，使各个基础的沉降相协调，这样更加接近基础实际工程状态，避免局部因轴力过大，而将基础底面积设置过大，而局部轴力过小则基础底面积过小，偏于不安全。因为上部结构的实际存在形成事实上的"劫富济贫"，于是点此选项更加接近工程实际。

本项目勾选。

（17）凝聚局部楼层刚度时考虑的底部层数（0 表示全部楼层）

本项目填写：5。

（18）上部结构计算考虑基础结构

该参数用来控制上部结构计算时是否考虑已经在基础模块中生成的基础计算模型。该参数的使用要求先进行基础计算。一般可不勾选。

本项目不勾选。

（19）生成绘等值线用数据

选中该参数之后，后处理中的"等值线"才有数据，用来画墙、弹性楼板、转换梁以及框架梁、转连梁的应力等值线。应根据实际工程需求来填写。

本项目不勾选。

（20）计算温度荷载

该参数用来控制是否计算温度荷载。该选项同时影响荷载组合，勾选该项，则荷载组合时将考虑温度荷载。应根据实际工程需求来勾选。

"考虑收缩徐变的混凝土构件温度效应折减系数"：温差内力来源于因温差变形而受到的约束。对于钢筋混凝土构件，要考虑混凝土的徐变应力，松弛特性。该参数用来控制混凝土构件的温差内力，考虑徐变应力松弛特性而进行折减。对于钢构件，该参数不起作用。

本项目不勾选。

（21）竖向荷载下混凝土墙轴向刚度考虑徐变收缩影响

广东省标准《高层建筑混凝土结构技术规程》（DBJ 15-92—2013，下简称广东《高规》）5.2.6 条：计算长期荷载作用下钢（钢管混凝土）框架-混凝土核心筒结构的变形和内力时，考虑混凝土徐变、收缩的影响，混凝土核心筒的轴向刚度可乘以 0.5～0.6 的折减系数。软件设置参数：竖向荷载下混凝土墙轴向刚度考虑徐变收缩影响，勾选此项后将弹出"墙轴向刚度折减系数"参数框，隐含值设为 0.6。勾选此项参数后软件将自动对全楼的剪力墙在恒载和活载计算时的轴向刚度进行折减，同时在计算前处理的特殊墙下增加了"轴向刚度折减"菜单，可以对各层不需要考虑折减的剪力墙修改折减系数为 1。

本项目不勾选。

（22）导入、导出

可以把以前类似项目的参数设置导入进来，再局部修改，也可以把已经设置好的参数设置导出，保存起来。

5.2.2　计算控制信息

计算控制信息/控制信息见图 5-6。

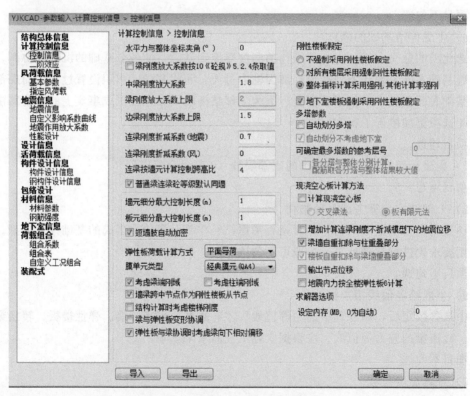

图 5-6　计算控制信息/控制信息

（1）水平力与整体坐标夹角

通常情况下，对结构计算分析，都是将水平地震沿结构 X、Y 两个方向施加，所以一般情况下水平力与整体坐标角取 0°。由于地震沿着不同的方向作用，结构地震反应的大小一般也不同，结构地震反应是地震作用方向角的函数。因此当结构平面复杂（如 L 形、三角形）或抗侧力结构非正交时，根据《抗规》5.1.1-2 条规定，当结构存在相交角大于 15°的抗侧力构件时，应分别计算各抗侧力构件方向的水平地震作用，但实际上按 0°、45°各算一次即可；当程序给出最大地震力作用方向时，可按该方向角输入计算，配筋取三者的大值。

该参数为地震作用、风荷载计算时的 X 正向与结构整体坐标系下 X 轴的夹角，逆时针方向为正，一般为零，若是建模的时候，模型斜放置，则需设置此项，若是仅仅增加一个方向的地震作用，则可以通过设置地震信息中的斜交抗侧力构件方向角来实现。

本项目填写 0。

（2）梁刚度放大系数按 10《混规》5.2.4 条取值

考虑楼板作为翼缘对梁刚度的贡献，每根梁由于截面尺寸和楼板厚度有差异，其刚度放大系数可能各不相同，程序提供了按 2010 年《混规》的取值选项，勾选此项后，程序将根据《混规》5.2.4 条的表格，自动计算每根梁的楼板有效翼缘宽度，按照 T 形截面与梁截面的刚度比例，确定每根梁的刚度系数。刚度系数计算结果可在"特殊梁/刚度吸收"中查看，也可在此基础上修改。如果不勾选，仍按上一条所述，对全楼指定唯一的刚度系数。勾选该项，则"中梁刚度放大系数"将不起作用。

本项目不勾选。在实际设计中，也有设计院不勾选，按照以下原则：多层取 1.5，高层取 1.8。

（3）连梁刚度折减系数（地震）

一般工程剪力墙连梁刚度折减系数取 0.7，8、9 度时可取 0.5；连梁刚度折减系数主要是针对那些与剪力墙一端或两端平行连接的梁，由于连梁两端位移差很大，剪力会很大，很可能出现超筋，于是要求连梁在进入塑性状态后，允许其卸载给剪力墙。计算地震内力时，连梁刚度可折减。

本项目填写：0.7。

注：连梁的跨高比大于等于 4 时，建议按框架梁输入。

（4）连梁刚度折减系数（风）

位移由风载控制时，参考广东《高规》5.2.1 条，应取≥0.8，在实际设计中，一般不折减，填写 0。但如果是广东项目，按广东规范，风荷载作用下连梁刚度折减系数不小于 0.8。所以广东风荷载较大，如果是风荷载控制的时候折减一下对连梁计算还是有帮助的。

本项目填写：0。

（5）连梁按墙元计算控制跨高比

目前软件支持两种建模方式输入连梁，一种是先输入连梁左右墙肢，再将连梁按普通梁输入；另一种是先输入一片墙，再在墙上开洞生成墙梁。两种建模方式生成的连梁的计算模型是不同的，一种是按杆单元计算，一种是按壳单元计算。

连梁建模时，不同设计人员有不同的建模习惯，有的习惯按开洞方式建模，也有的习惯按框架梁建模。当连梁截面高度较大且跨高比很小时，按杆单元的计算结果误差较大。为了满足这类设计人员的需求，软件增加了"连梁按墙元计算控制跨高比"参数，对于按框架梁建模的连梁，当跨高比小于输入的数值时，软件自动将该梁转换为壳单元模型计算，并进行更细的网格划分。

本项目填写：4。

（6）普通梁连梁混凝土等级默认同墙

该参数用来控制按框架梁方式输入的连梁材料强度取值，默认同墙。

本项目勾选。

（7）墙元细分最大控制长度

该参数用来控制剪力墙网格划分时的最大长度，软件在网格划分时，确保划分后的小壳单元的边长不大于给定限值。该参数对分析精度略有影响，对于一般工程可取 0.5～1.0m。

本项目填写：1。

（8）板元细分最大控制长度

该参数用来控制弹性楼板网格划分时的最大长度，软件在网格划分时，确保划分后的单元边长不大于给定限值。

本项目填写：1。

（9）短墙肢自动加密

由于有限元计算时对于水平向只划分了 1 个单元的较短墙肢，计算误差较大，程序可对长度超过 0.6 倍的网格细分尺度，并且使只划分了 1 个单元的较短墙肢自动增加到 2 个单元，以提高墙肢内力计算的准确性。

本项目勾选。

（10）弹性板荷载计算方式

该参数用来控制指定为弹性板属性的楼板，其板上荷载的导荷方式分两种。

① 平面导荷：传统方式，作用在各房间楼板上恒活面荷载被导算到了房间周边的梁或者墙上，在上部结构考虑弹性板的计算中，弹性板上已经没有作用竖向荷载，起作用的仅是弹性板的面内刚度和面外刚度。

② 有限元计算：在上部结构计算时，恒活面荷载直接作用在弹性楼板上，不被导算到周边的梁墙上。

有限元方式适用于无梁楼盖、厚板转换层等结构，可在上部结构计算结果中同时得出板的配筋，在等值线菜单下查看弹性板的各种内力和配筋结果。注意：为了查看等值线结果，在计算参数的结构总体信息中还应勾选"生成绘等值线用数据"。有限元方式仅适用于定义为弹性板 3 或者弹性板 6 的楼板，不适合弹性膜或者刚性板的计算。

平面导荷不会将荷载作用在板上计算，程序只是做了一个"荷载按相关面积分配的方式传递给梁"的工作。

本项目选择"平面导荷"。

（11）膜单元类型

在计算控制参数下设置对膜单元的选项：经典膜元（QA4）和改进型膜元（NQ6Star）。软件一直以来采用的膜单元为经典膜元，它的特点是带旋转自由度的精华非协调平面四边形等单元。NQ6Star 单元特点是对于非规则四边形单元也可得到较合理的应力分布，在弯矩作用情况下，可明显减少经典膜单元计算转角位移结果与理论值存在的较大误差，对温度荷载的计算可以达到 Etabs 的精度，对边框柱与剪力墙的协调性好等。因此在计算温度荷载时，或者边框柱结果不正常时可选用改进型膜单元计算。

本项目选择"经典膜元（QA4）"。

（12）考虑梁、柱端刚域

选择该项，软件在计算时，梁、柱重叠部分作为刚域计算，梁、柱计算长度及端截面位置均取到刚域边，否则计算长度及端截面均取到端节点，梁、柱端刚域可以分别控制。大截面柱和异形柱应考虑选择该项；考虑后，梁长变短，刚度变大，自重变小，梁端负弯矩变小。

本项目梁勾选，柱不勾选。

（13）墙梁跨中节点作为刚性楼板从节点

对于墙梁，当与之相连的楼板按刚性楼板计算时，网格划分后与楼板相连节点将作为刚性楼板的从节点。由于受到刚性楼板约束，水平荷载作用下的梁端剪力一般较不受刚性楼板约束时大。

软件增加该选项，默认勾选。不勾选时，墙梁跨中与楼板相连节点为弹性节点，梁端剪力一般较勾选时小。

本项目勾选。

（14）结构计算时考虑楼梯刚度

如果在建模时布置了楼梯，可在这里勾选"在结构计算时考虑楼梯的刚度"。程序对楼梯跑和中间休息平台板按照有限单元的板元计算，采用弹性板 6 的计算模型，中间休息平台板为平板，楼梯跑为斜板或折板。程序自动对各个楼梯跑和中间休息平台划分单元，单元尺寸隐含为 0.5m。

可在生成结构计算数据以后，在计算简图菜单的"轴测简图"下看到各个楼梯跑和中间休息平台划分单元的效果。如果没有勾选此项，尽管布置了楼梯，程序在结构计算时将忽略楼梯的存在，不会考虑楼梯的刚度。

一般剪力墙住宅可以不勾选。本项目不勾选。

（15）梁与弹性板变形协调

该参数用来控制与弹性板相连的梁，在弹性板中间出口节点处是否变形协调；勾选，则与梁相连的所有出口节点均与梁变形协调；不勾选，则只有梁两端节点连接。

对于弹性膜（面外刚度为 0），一般可设置为不勾选此项。但是对于弹性板 3 或者弹性板 6，则应勾选此项。因为设置弹性板 3 或弹性板 6 的目的是使梁与板共同工作，发挥板的面外刚度的作用，减少梁的受力和配筋，此时必须使弹性板中间节点和梁的中间节点变形协调才能实现这种作用。板柱、转换层、坡屋面层应考虑。

本项目不勾选。

（16）弹性板与梁协调时考虑梁向下相对偏移

点选之后计算如图 5-7 所示的模型，此时梁的刚度较图中左边的梁、板中和轴在一条线的情况更加大，所以计算出来的结果配筋会相对较小。模拟计算对比如图 5-7 所示。

本项目勾选。

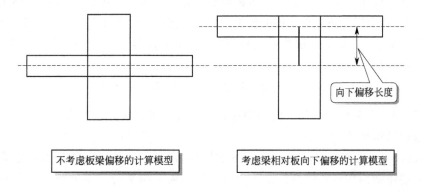

图 5-7　梁板相对位置

（17）刚性楼板假定

软件提供三个选项：

① 不强制采用刚性楼板假定：结构基本模型，按设计人员的建模和特殊构件定义确定。

② 对所有楼层采用强制刚性楼板假定：软件按层、塔分块，每块采用强制刚性楼板假定。

③ 整体指标计算采用强制刚性楼板假定，其他计算非强制刚性楼板假定：根据规范要求，某些整体指标的统计需要在刚性楼板假定前提下进行。如果设计人员选择该项，则软件只在计算相应结构指标时采用强制刚性楼板假定的计算结果，在计算其他指标及构件设计时采用非强制刚性楼板假定的结果。这样，设计人员只计算一次即可完成整体指标统计与构件设计。

软件采用刚性楼板假定模型进行计算的内容主要有：层刚心，层间剪力与层间位移之比方式计算的层刚度、位移比、位移角、刚重比等。

一般不勾选"对所有楼层采用强制刚性楼板假定"，而选择"整体指标计算采用强刚，其他计算非强刚"。

本项目选择："整体指标计算采用强刚，其他计算非强刚"。

（18）地下室楼板强制采用刚性楼板假定

对于带地下室工程，软件以弹簧模拟地下室侧土约束并施加在地下室楼板上。对于有分块刚性板的地下室结构，勾选该项，将按一整块刚性板处理；否则将弹簧施加在各块刚性板上。顶板为板柱或转换结构时，一般不勾选。

本项目勾选。

（19）自动划分多塔

该参数主要用来控制多塔楼工程是否自动划分多塔，勾选该项，软件自动划分多塔。

本项目不勾选。

（20）自动划分不考虑地下室

该参数主要用来控制多塔楼工程自动划分多塔时，地下室部分是否也划分多塔，勾选该项则地下室及以下部分不划分多塔。

本项目不勾选。

（21）可确定最多塔数的参考层号

该参数与"各分塔与整体分别计算，配筋取分塔与整体结果较大值"配合使用，软件在对多塔楼工程自动分塔时，以该层自动划分的塔数作为该结构最终划分的塔数。如果该层以上的某层中又出现了某个塔分离成多个塔的情况，程序仍将这些分离部分当作一个塔来对待。软件隐含取裙房或者地下室的上一层为自动划分多塔的起算层号，该层号可由用户修改。

本项目不勾选。

（22）各分塔与整体分别计算，配筋取各分塔与整体结果较大值

《高规》5.1.14 对多塔楼结构，宜按整体模型和各塔楼分开的模型分别计算，并采用较不利的结果进行结构设计。

《高规》10.6.3-4 大底盘多塔结构，可按本规程第5.1.14条规定的整体和分塔楼计算模型分别验算整体结构和各塔楼结构扭转为主的第一周期与平动为主的第一周期的比值，并应符合本规程第3.4.5条的有关要求。

　　设计人员将整体模型建好后，软件自动按规范要求划分多塔，并分别计算划分后各单塔模型，然后与整体模型计算结果比较取大，同时在设计结果中提供分别查看各单塔计算结果与整体模型计算结果功能。这样，设计人员只需一次将整体模型建好，一次计算就能得到整体模型和分塔的计算结果。

　　本项目不勾选。

　　（23）计算现浇空心板

　　该参数用来控制是否计算现浇空心板，勾选则计算，并进行配筋设计；否则将不进行计算与设计。

　　本项目不勾选。

　　（24）现浇空心板计算方法

　　对于现浇空心板，软件提供两种计算方法，交叉梁法和板有限元法。

　　交叉梁法：根据空心板定义及布置信息确定肋梁位置及顶、底翼缘宽度，然后将柱、墙等竖向构件作为固定支座进行交叉梁计算，主梁刚度也将计入。

　　板有限元法：根据空心板定义及布置信息计算出单位宽度抗弯刚度，然后进行网格划分，按板有限元方法进行计算。

　　本项目不勾选。

　　（25）增加计算连梁刚度不折减模型下的地震位移

　　《抗规》5.5.1 条文说明指出：第一阶段设计，变形验算以弹性层间位移角表示。不同结构类型给出弹性层间位移角限值范围，主要依据国内外大量的试验研究和有限元分析的结果，以钢筋混凝土构件（框架柱、抗震墙等）开裂时的层间位移角作为多遇地震下结构弹性层间位移角限值。

　　软件提供该参数，勾选该项，则软件同时输出连梁刚度不折减模型下的地震位移统计结果，供设计人员参考。

　　本项目不勾选。

　　（26）梁墙自重扣除与柱重叠部分

　　计算控制参数页上设置参数：梁墙自重扣除与柱重叠部分。勾选此参数将减少结构自重和质量，并相应减少地震剪力和位移等。

　　本项目勾选。

　　（27）楼板自重扣除与梁墙重叠部分

　　当无梁楼盖中的梁按暗梁输入时，或当现浇空心板布置在暗梁上时，或者是楼板比较厚的情况时，应在计算时选择楼板自重扣除与梁的重叠部分，以避免计算的荷载过大造成浪费，并减少柱墙的轴压比。

　　本项目不勾选。

　　（28）输出节点位移

　　根据实际需求填写。

　　本项目不勾选。

　　（29）地震内力按全楼弹性板 6 计算

　　该参数用来控制构件设计时，地震工况的内力取值是否来自全楼弹性板 6 模型计算结果。勾选该项，则软件内部自动增加全楼弹性板 6 计算模型，该模型只用于地震工况的内力计算，且只应用于构件设计。

　　本项目不勾选。

5.2.3 计算控制信息

计算控制信息/二阶效应见图 5-8。

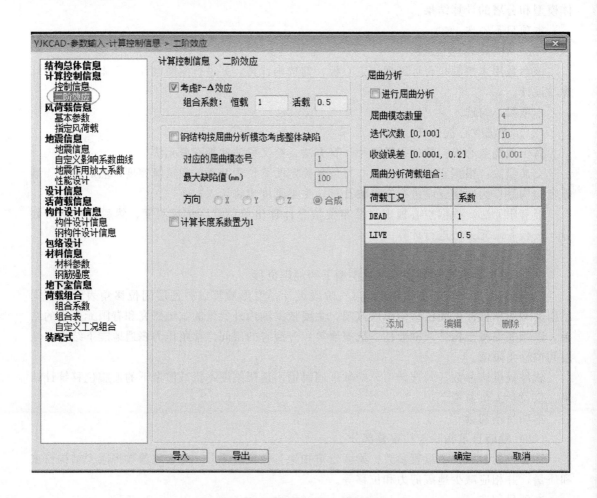

图 5-8　计算控制信息/二阶效应

一般此参数用于高层建筑，可以在计算完以后查看 YJK 总信息中的指标。

对于常规的混凝土结构，一般可不勾选。通常混凝土结构可以不考虑重力二阶效应，钢结构按《抗规》8.2.3 条的规定，应考虑重力二阶效应。是否考虑重力二阶效应可以输出文件 wmass. out 中的提示，若显示"可以不考虑重力二阶效应"，则可以不选择此项，否则应选择此项。

注：①建筑结构的二阶效应由两部分组成：$P\text{-}\delta$ 效应和 $P\text{-}\Delta$ 效应。$P\text{-}\delta$ 效应是指由于构件在轴向压力作用下，自身发生挠曲引起的附加效应，可称之为构件挠曲二阶效应，通常指轴向压力在产生了挠曲变形的构件中引起的附加弯矩，附加弯矩与构件的挠曲形态有关，一般中间大，两端小。$P\text{-}\Delta$ 效应是指由于结构的水平变形引起的重力附加效应，可称之为重力二阶效应，结构在水平力（风荷载或水平地震力）作用下发生水平变形后，重力荷载因该水平变形而引起附加效应，结构发生的水平侧移绝对值越大，$P\text{-}\Delta$ 效应越显著，若结构的水平变形过大，可能因重力二阶效应

而导致结构失稳。

② 一般来说，7 度以上抗震设防的建筑，其结构刚度由地震或风荷载作用的位移控制，只要满足位移要求，整体稳定性自动满足，可不考虑 P-Δ 效应。软件采用的是等效几何刚度的有限元算法，修正结构总刚，考虑 P-Δ 效应后结构周期不变。

5.2.4　风荷载信息

风荷载基本参数见图 5-9。

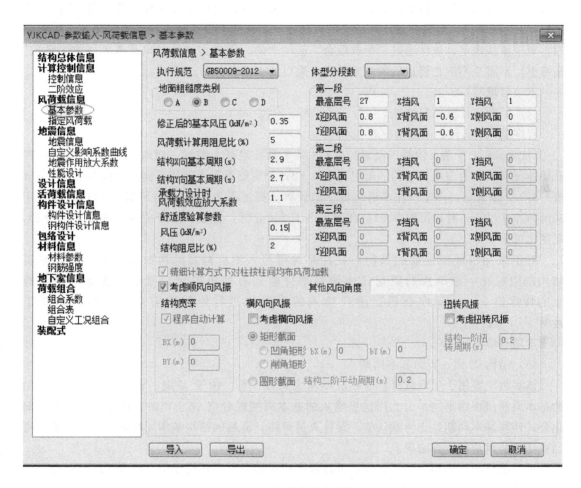

图 5-9　风荷载基本参数

（1）执行规范

程序提供两种选择：可以选择《建筑结构荷载规范》（下简称《荷规》）GB 50009—2001 和 GB 50009—2012。

本项目选择：GB 50009—2012。

（2）地面粗糙度类别

该选项是用来判定风场的边界条件，直接决定了风荷载的沿建筑高度的分布情况，必须按照建筑物所处环境正确选择。相同高度建筑风荷载：A 类＞B 类＞C 类＞D 类。

A 类：近海海面，海岛、海岸、湖岸及沙漠地区。

B 类：田野、乡村、丛林、丘陵及中小城镇和大城市郊区。

C 类：有密集建筑群的城市市区。

D 类：有密集建筑群且房屋较高的城市市区。

本项目填写：B 类。

（3）修正后的基本风压

这里所说的修正后的基本风压，是指沿海、强风地区及规范特殊规定等可能在基本风压基础上，对基本风压进行修正后的风压。对于一般工程，可按照《荷规》的规定采用。《高规》4.2.2 条规定，对风荷载比较敏感的高层建筑，承载力设计时应按基本风压的 1.1 倍采用。对于该条规定，软件通过"荷载组合"选项卡的"承载力设计时风荷载效用放大系数"来考虑，不需且不能在修正后的基本风压上乘以放大系数。

本项目填写：0.35。

（4）风荷载计算用阻尼比

程序默认为 5%，一般情况取 5%。

《抗规》5.1.5 条 1 款及《高规》4.3.8 条 1 款：混凝土结构一般取 0.05（即 5%）；对有墙体材料填充的房屋钢结构的阻尼比取 0.02；对钢筋混凝土及砖石砌体结构取 0.05。《抗规》8.2.2 条规定：钢结构在多遇地震下的计算，高度不大于 50m 时可取 0.04；高度大于 50m 且小于 200m 时，可取 0.03；高度不小于 200m 时，宜取 0.02；在罕遇地震下的分析，阻尼比可采 0.05。

对于采用消能减震器的结构，在计算时可填入消能减震结构的阻尼比（消能减震结构的阻尼比＝原结构的阻尼比＋消能部件附加有效阻尼比）而不必改变特定场地土的特性值 α_{max}，程序会根据用户输入的阻尼比进行地震影响系数 α 的自动修正计算。

本项目填写：5%。

（5）结构 X 向、Y 向基本周期

该参数主要用于风荷载计算时的脉动增大系数计算。由于 X 向、Y 向风荷载对应的结构基本周期值可能不同，因此用这里输入的基本周期区分 X 向、Y 向。软件按《荷规》简化公式计算基本周期并作为默认值，设计人员可将计算后的结构基本周期填入重新计算以得到更准确的风荷载计算结果。

可以试算结构模型，计算完成后再将程序输出的第一平动周期值（可在 wzq.out 文件中查询）填入再算一遍即可。

（6）承载力设计时风荷载效应放大系数

《高规》4.2.2 条规定："对风荷载比较敏感的高层建筑，承载力设计时应按基本风压的 1.1 倍采用。"软件提供该参数，设计人员可在此输入，软件只在承载力设计时才应用该参数。

本项目楼总高度≥60m，填写 1.1；当小于 60m 时，填写 1.0。

（7）用于舒适度验算的风压、结构阻尼比

验算风振舒适度时结构阻尼比宜取 0.01~0.02，程序缺省取 0.02，"风压"缺省则与风荷载计算的"基本风压"取值相同，用户均可修改。

本项目，舒适度验算风压填写 0.15（住宅、公寓）；对于办公楼、旅馆，可以填写为

0.25；结构阻尼比填写为 2%。

（8）精细计算方式下对柱按柱间均布风荷载加载

该参数用来控制风荷载施加方式，勾选则根据柱左右受风面承受的风荷载以均布荷载形式施加在柱间。该参数只在风荷载计算方式为"精细计算方式"下有效。

本项目不勾选。

（9）考虑顺风向风振

根据《荷规》8.4.1 条，对于高度大于 30m 且高宽比大于 1.5 的房屋及结构基本自振周期 T_1 大于 0.25s 的高耸结构，应考虑顺风向风振影响。当符合《荷规》第 8.4.3 条规定时，可采用风振系数法计算顺风向荷载。

本项目勾选。

（10）考虑横向风振

房屋高度超过 150m 或高宽比大于 5 时应考虑。

本项目不勾选。

（11）体型分段数

该参数用来确定风荷载计算时沿高度的体型分段数，目前最多为 3 段。

默认 1，一般不改。现代多、高层结构立面变化较大，不同的区段内的体型系数可能不一样，程序限定体型系数最多可分三段取值。若建筑物立面体型无变化时填 1。对于多层框架（基础梁与上部结构共同分析计算的）或高层（地下室顶板不作为上部结构嵌固端的），当定义底层为地下室后，体型分段数应只考虑上部结构，程序会自动扣除地下室部分的风荷载。

本项目选择：1。

（12）挡风系数

软件在计算迎风面宽度时，按该方向最大宽度计算，未考虑中通风、独立柱等情况，使得计算风荷载偏大，因此软件提供挡风系数。设计人员可根据通风部分的面积占总迎风面面积的比例，设置小于 1 的挡风系数，对风荷载进行折减来近似考虑。

《高规》4.2.3-4 规定，对于高宽比 H/B 大于 4、长宽比 L/B 不大于 1.5 的矩形、鼓形平面建筑，风荷载体型系数可取 1.4，0.8（迎风面）＋0.6（背风面）。

本项目高宽比 H/B 大于 4，风荷载体型系数可取 1.4，0.8（迎风面）＋0.6（背风面）。

（13）其他风向角度

若需要考虑 $+X$，$-X$，$+Y$，$-Y$ 之外的其他方向风工况，可在该参数中指定。此处设置后，设计时将增加相应的一组风工况效应并自动组合。

支持精细风、一般风、指定风荷载的计算。对于精细风计算，目前暂不支持指定各面上的体型系数。指定风荷载计算需要在指定风荷载对话框内主动运行一次"导入其他风向"按钮。

与"斜交抗侧力构件方向角度"类似，该角度不叠加"水平力与整体坐标夹角"参数。

在前处理的风荷载菜单中，可支持对自定义风向上的节点风荷载交互修改。

多方向风目前不支持的功能：横向风振、扭转风振、屋面精细风（梁上风吸压力）、体型系数交互修改。

本项目不勾选。

（14）考虑扭转风振

该选项用来控制风荷载计算时是否按 2012《荷规》8.5 节考虑扭转风振影响。根据《荷规》8.5.4 条，一般不超过 150m 的高层建筑不考虑，超过 150m 的高层建筑也应满足《荷规》8.5.4 条相关规定才考虑。

本项目不勾选。

5.2.5 风荷载信息

指定风荷载见图 5-10。

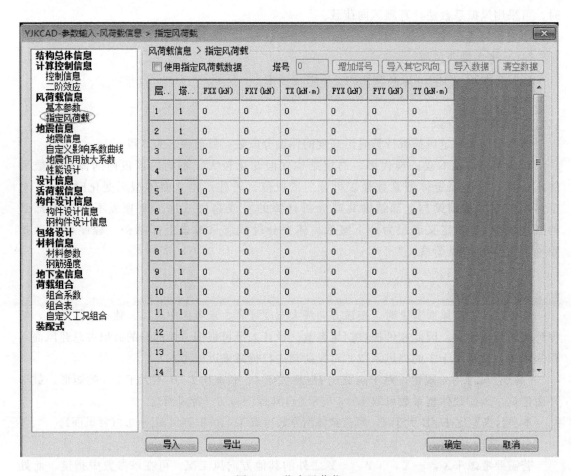

图 5-10 指定风荷载

软件提供自定义风荷载功能，并可以导入外部文件。

该参数界面直接输入各楼层 X 向、Y 向的风荷载外力值（若指定了其他风向，也可以设置相应风向的荷载值）。

FXX、FXY、TX 分别为 X 向风产生的 X 向风力、Y 向风力、扭转风力。

FYX、FYY、TY 分别为 Y 向风产生的 X 向风力、Y 向风力、扭转风力。

软件也支持从纯文本文件中直接导入指定风荷载数据（文件名后缀任意），其定义格式如下（单位为 kN、kN·m）：

层号

塔号 *FXX FXY FXT FYX FYY FYT*

塔号 *FXX FXY FXT FYX FYY FYT*

层号

……

当指定多方向风后，若使用指定风荷载计算，需要在此处点一次"导入其他风向"，则表格中会进行相应更新。文本导入方式同样支持多方向风，但需要首先运行"导入其他风向"。

5.2.6　地震信息

地震信息见图 5-11。

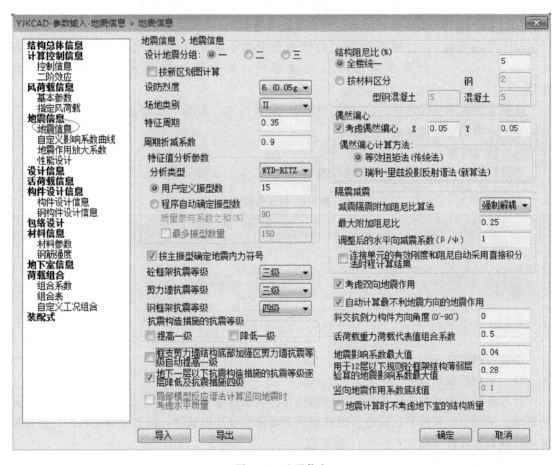

图 5-11　地震信息

（1）设计地震分组

根据《抗规》附录 A 及地方相关标准的规定选择。

本项目选择：一。

（2）按新区划图计算

根据实际工程需求勾选。

本项目不勾选。

（3）设防烈度

根据实际工程情况查看《抗规》附录 A。

本项目选择：6（0.05g）。

（4）场地类别

根据《地质勘测报告》测试数据计算判定。场地类别一般可分为四类：Ⅰ类场地土，岩

石、紧密的碎石土；Ⅱ类场地土，中密、松散的碎石土，密实、中密的砾，粗、中砂，地基土容许承载力＞250kPa 的黏性土；Ⅲ类场地土，松散的砾，粗、中砂，密实、中密的细、粉砂，地基土容许承载力≤250kPa 的黏性土和≥130kPa 的填土；Ⅳ类场地土，淤泥质土，松散的细、粉砂，新近沉积的黏性土，地基土容许承载力＜130kPa 的填土。场地类别越高，地基承载力越低。

图 5-12　场地类别

地震烈度、设计地震分组、场地土类型三项直接决定了地震计算所采用的反应谱形状，对水平地震力的大小起到决定性作用。

依据工程实际情况选择，《抗规》增加了 I_0 类场地，如图 5-12 所示。

本项目根据地勘报告选择：Ⅱ类。

（5）特征周期

特征周期 T_g：根据实际工程情况查看《抗规》5.1.4 条（表 5-1）。

表 5-1　特征周期值　　　　　　　　　　　　　　　　　　　　　　　　单位：s

设计地震分组	场 地 类 别				
	I_0	I_1	Ⅱ	Ⅲ	Ⅳ
第一组	0.20	0.25	0.35	0.45	0.65
第二组	0.25	0.30	0.40	0.55	0.75
第三组	0.30	0.35	0.45	0.65	0.90

本项目填写 0.35。

（6）周期折减系数

计算各振型地震影响系数所采用的结构自振周期应考虑非承重填充墙体对结构刚度增强的影响，采用周期折减予以反应。因此当承重墙体为填充砖墙时，高层建筑结构的计算自振周期折减系数可按《高规》4.3.17 条取值：

① 框架结构可取 0.6～0.7；

② 框架-剪力墙结构可取 0.7～0.8；

③ 框架-核心筒结构可取 0.8～0.9；

④ 剪力墙结构可取 0.8～1.0。

对于其他结构体系或采用其他非承重墙时，可根据工程情况确定周期折减系数。具体折减数值应根据填充墙的多少及其对结构整体刚度影响的强弱来确定（如轻质砌体填充墙，周期折减系数可取大一些）。周期折减是强制性条文，但减多少不是强制性条文，这就要求在折减时慎重考虑，既不能太多，也不能太少，因为周期折减不仅影响结构内力，同时还影响结构的位移，当周期折减过多，地震作用加大，可能导致梁超筋。周期

折减系数不影响建筑本身的周期，即 wzq.out 文件中的前几阶周期，所以周期折减系数对于风荷载是没有影响的，风荷载在软件计算中与周期折减系数无关。周期折减系数只放大地震力，不放大结构刚度。

注：周期折减系数，剪力墙取 0.9（剪重比不足时可取 0.85），框架结构取 0.7，框架-剪力墙结构取 0.8，框架-核心筒结构取 0.85。

（7）特征值分析参数-分析类型

在这里设置了多个参数控制计算地震特征值及进行地震力计算。软件提供 3 种特征值计算方法由用户选择，常用的为 WYD-RITZ 法。

（8）用户定义振型数

《抗规》5.2.2 条文说明中指出：振型个数一般可以取振型参与质量达到总质量 90% 所需的振型数。

《高规》5.1.13 条规定：抗震设计时，B 级高度的高层建筑结构、混合结构和本规程第 10 章规定的复杂高层建筑结构，宜考虑平扭耦联计算结构的扭转效应，振型数不应小于 15，对多塔楼结构的振型数不应小于塔楼数的 9 倍，且计算振型数应使各振型参与质量之和不小于总质量的 90%。

计算振型个数可根据刚性板数和弹性节点数估算，比如说，一个规则的两层结构，采用刚性楼板假定，由于每块刚性楼板只有 3 个有效动力自由度，整个结构共有 6 个有效动力自由度。可通过 wzq.out 文件中输出的有效质量系数确认计算振型数是否够用。

软件在计算时会判断填写的振型个数是否超过了结构固有振型数，如果超出，则软件按结构固有振型数进行计算，不会引起计算错误。地震力振型数至少取 3，由于程序按 3 个振型一页输出，所以振型数最好为 3 的倍数。

高层不小于 15，多塔不小于塔数的 9 倍，且应使有效质量系数≥95%。

本项目填写：15。

（9）程序自动确定振型数

软件提供两种计算振型个数的方法，一是用户直接输入计算振型数，二是软件自动计算需要的振型个数。

勾选此项后，要求同时填入参数"质量参与系数之和（%）"，软件隐含取值为 90%。在此选项下，软件将根据振型累积参与质量系数达到"质量参与系数之和"的条件，自动确定计算的振型数。这里还设置了一个参数"最多振型数量"，即对软件计算的振型个数设置最多的限制。如果在达到"最多振型数量"限值时，振型累积参与质量依然不满足"质量参与系数之和"的条件，程序也不再继续自动增加振型数。

如果用户没有指定"最多振型数量"，则软件根据结构特点自动选取一个振型数上限值。

（10）按主振型确定地震内力符号

该参数用来控制是否按照主振型确定地震内力符号，由于 CQC 振型组合需要开方，数值均为正数，因此需要按照一定规则确定 CQC 组合后的数值符号。勾选该项，则按主振型确定地震内力符号，否则按照该数值绝对值最大对应的振型确定符号。

本项目勾选。

（11）混凝土框架抗震等级、剪力墙抗震等级、钢框架抗震等级

丙类建筑按本地区抗震设防烈度计算，根据《抗规》表 6.1.2 或《高规》3.9.3 条选择。乙类建筑（如：学校、医院）按本地区抗震设防烈度提高 1 度查表选择。建筑分类见

《建筑工程抗震设防分类标准》（GB 50223—2008）。

　　此处指定的抗震等级是全楼适用的。某些部位或构件的抗震等级可在前处理第二项菜单"特殊构件补充定义"进行单构件的补充指定。钢框架抗震等级应根据《抗规》8.1.3 条的规定来确定。

　　抗震等级不同，抗震措施也不同，在设计时，查看结构抗震等级时的烈度可参考表 5-2。

表 5-2　决定抗震措施的烈度

建筑类别	设计基本地震加速度	0.05g	0.1g	0.15g	0.2g	0.3g	0.4g
	设防烈度	6	7	7	8	8	9
甲、乙类		7	8	8	9	9	9＋
丙类		6	7	7	8	8	9

　　注："9＋"表示应采取比 9 度更高的抗震措施，幅度应具体研究确定。

　　本项目剪力墙高度小于 80m，抗震等级取三级。

　　（12）抗震构造措施的抗震等级提高（或降低）一级

　　该参数用来设置抗震构造措施的抗震等级相对抗震措施的抗震等级的提高（或降低），主要用于抗震构造措施的抗震等级与抗震措施的抗震等级不同的情况，如：

> **《抗规》3.3.2**　建筑场地为Ⅰ类时，对甲、乙类的建筑应允许仍按本地区抗震设防烈度的要求采取抗震构造措施；对丙类的建筑应允许按本地区抗震设防烈度降低一度的要求采取抗震构造措施，但抗震设防烈度为 6 度时仍应按本地区抗震设防烈度的要求采取抗震构造措施。
>
> **《抗规》3.3.3**　建筑场地为Ⅲ、Ⅳ类时，对设计基本地震加速度为 0.15g 和 0.30g 的地区，除本规范另有规定外，宜分别按抗震设防烈度 8 度（0.20g）和 9 度（0.40g）时各抗震设防类别建筑的要求采取抗震构造措施。

　　如果场地类别和设防烈度满足条件①，软件会自动勾选抗震构造措施的"降低一级"；如果场地类别和设防烈度满足条件②，软件会自动勾选抗震构造措施的"提高一级"。在 wpj＊.out 文本文件中会分别输出抗震措施的抗震等级和抗震构造措施的抗震等级。

　　本项目不勾选。

　　（13）框支剪力墙结构底部加强区剪力墙抗震等级自动提高一级

　　根据《高规》表 3.9.3、表 3.9.4，框支剪力墙结构底部加强区和非底部加强区的剪力墙抗震等级一般情况下相差一级。选取此项时，框支剪力墙结构底部加强区剪力墙抗震等级将自动提高一级，省去设计人员手工指定的步骤。

　　本项目不勾选。

　　（14）地下一层以下抗震构造措施的抗震等级逐层降低及抗震措施四级

> **《抗规》6.1.3-3**　当地下室顶板作为上部结构的嵌固部位时，地下一层的抗震等级应与上部结构相同，地下一层以下抗震构造措施的抗震等级可逐层降低一级，但不应低于四级。

　　勾选此参数，软件对地下 1 层的抗震措施和抗震构造措施不变，对地下 2 层起抗震构造措施的抗震等级逐层降低一级，但不低于四级。对地下 2 层起的抗震措施取为四级。

本项目不勾选。

（15）结构阻尼比

这里的阻尼比只用于地震作用计算。《抗规》5.1.5 条规定：除有专门规定外，建筑结构的阻尼比应取 0.05。

《抗规》8.2.2 条对钢结构抗震计算的阻尼比做出了规定。《高规》11.3.5 条规定：混合结构在多遇地震作用下的阻尼比可取为 0.04。

其他情况根据相关规范规定取值。软件提供两种设置阻尼比的方法：①全楼统一，即设置全楼统一的阻尼比值；②按材料区分，如果结构由不同材料组成可勾选此项，此时可设置不同材料的阻尼比值，据此软件准确计算地震作用。

本项目选择：全楼统一，5%。

（16）考虑偶然偏心

《高规》4.3.3 条规定：计算单向地震作用时应考虑偶然偏心的影响。如果设计人员勾选该选项，则软件在计算地震作用时，分别对 X 向、Y 向增加正偏、负偏两种工况，偏心值依据"偶然偏心值（相对）"参数的设置，并且在整体指标统计与构件设计时给出相应计算结果。

"偶然偏心"：由于施工、使用或地震地面运动扭转分量等不确定因素对结构引起的效应，对于高层结构及质量和刚度不对称的多层结构，偶然偏心的影响是客观存在的，故一般应选择"偶然偏心"去计算高层结构及质量和刚度明显不对称的多层结构的"位移比"及高层结构的"配筋"（多层结构"配筋"时一般可不选择"偶然偏心"）。计算层间位移角时一般应选择刚性楼板，可不考虑偶然偏心、竖向地震作用。

考虑偶然偏心计算后，对结构的荷载（总重、风荷载）、周期、竖向位移、风荷载作用下的位移及结构的剪重比没有影响，对结构的地震力和地震下的位移（最大位移、层间位移、位移角等）有较大影响。

《高规》3.4.5 条，计算位移比时，必须考虑偶然偏心的影响；《高规》3.7.3 条，计算层间位移角时可不考虑偶然偏心、双向地震，一般应选择强制刚性楼板假定。《抗规》3.4.3 条的表 3.4.3-1 只注明了在规定水平力作用下计算结构的位移比，并没有说明是否考虑了偶然偏心。《抗规》3.4.4-2 的条文说明里注明了计算位移比时候的规定水平力一般要考虑偶然偏心。

对于偶然偏心工况的计算结果，软件不进行双向地震作用计算。

本项目勾选：考虑偶然偏心，分别为 0.05。

（17）偶然偏心计算方法

① 等效扭矩法。首先按无偏心的初始质量分布计算结构的振动特性和地震作用；然后计算各偏心方式质点的附加扭矩，与无偏心的地震作用叠加作为外荷载施加到结构上，进行静力计算。这种模态等效静力法比标准振型分解反应谱法计算量小，但在复杂情况下会低估扭矩作用。

② 瑞利-里兹投影反射谱法。根据质量偏心对原始的质量矩阵做一个变换，求解过程中利用了这种关联关系对原始求得的振型进行变换得到新的振型向量，而不需要重新进行特征值计算。瑞利-里兹投影反射谱法比等效扭矩法计算精度高，比标准振型分解反应谱法效率高。

本项目选择：等效扭矩法。

（18）减震隔震附加阻尼比算法

根据《抗规》12.3.4 条中提供的附加阻尼比计算方法和限制，YJK 软件采用等效线性化方法提供了两种附加阻尼比的计算方法：能量法与强行解耦法，可在这里选择，并根据规范的要求对附加阻尼比设置了默认的 0.25 限值。同类软件 ETABS 仅提供了强行解耦法计算附加阻尼比。按《抗规》12.3.4-2 条要求，强行解耦法仅适用于消能部件在结构上分布均匀，且附加阻尼比小于 20％的情况。能量法没有这样的条件限制。

消能器附加给结构的有效阻尼比和有效刚度按《抗规》12.3.4 条相关公式计算，可计算速度线性相关型消能器，非线性黏滞消能器（广东《高规》），位移相关型与速度非线性相关型消能器。

本项目勾选：强行解耦，实际上对计算没有影响。

（19）考虑双向地震作用

《抗规》5.1.1-3 质量和刚度分布明显不对称的结构，应计入双向水平地震作用下的扭转影响；

勾选该项，则 X 向、Y 向地震作用计算结果均为考虑双向地震后的结果；如果有斜交抗侧力方向，则沿斜交抗侧力方向的地震作用计算结果也将考虑双向地震作用。

双向地震作用是客观存在的，其作用效果与结构的平面形状的规则程度有很大的关系（结构越规则，双向地震作用越弱），一般当位移比超过 1.3 时（有的地区规定为 1.2，过于保守），双向地震作用对结构的影响会比较大，则需要在总信息参数设置中考虑双向地震作用，不考虑偶然偏心。

双向地震作用计算，本质是对抗侧力构件承载力的一种放大，属于承载能力计算范畴，不涉及对结构扭转控制和对结构抗侧刚度大小的判别。一般当位移比超过 1.3 时（有的地区规定为 1.2，过于保守）选取"考虑双向地震"，程序会对地震作用放大，结构的配筋一般会加大，但位移比及周期比，不看"双向地震作用"的计算结果，而看"偶然偏心"作用下的计算结果。

《抗规》5.1.1-3 质量和刚度分布明显不对称的结构，应计入双向水平地震作用下的扭转影响；其他情况，应允许采用调整地震作用效应的方法计入扭转影响。

《高规》4.3.2-2 质量与刚度分布明显不对称的结构，应计算双向水平地震作用下的扭转影响；其他情况，应计算单向水平地震作用下的扭转影响。

结构的前 3 个振型中，某一振型的扭转方向因子在 0.35～0.65，且扭转不规则程度为 II 类（详见广东《高规》表 3.4.4-1）。

本项目位移比大于 1.2，勾选该项。

（20）自动计算最不利地震方向的地震作用

软件自动计算最不利地震作用方向，并在 wzq.out 文件中输出该方向，并提供"自动计算最不利地震方向的地震作用"参数。勾选该项，则软件自动计算该方向地震作用，相当于在参数"斜交抗侧力构件方向角度"中自动增加了一个角度方向的地震作用计算。

本项目勾选。斜交抗侧力、构件方向角度还需输入。

（21）斜交抗侧力构件方向角度（0°～90°）

《抗规》5.1.1-2 有斜交抗侧力构件的结构，当相交角度大于 15°时，应分别计算各抗侧力构件方向的水平地震作用。

如果工程中存在斜交抗侧力构件与 X 向、Y 向的夹角均大于 15°，可在此输入该角度进行补充计算。

本项目填写 0°。

（22）活荷载重力荷载代表值组合系数

此组合系数指的是计算重力荷载代表值时的活荷载组合值系数，默认 0.5，一般不需要改。该参数值改变楼层质量，不改变荷载总值（即对属相荷载作用下的内力计算无影响），应按《抗规》5.1.3 条及《高规》4.3.6 条取值。一般民用建筑楼面等效均布活荷载取 0.5（对于藏书库、档案库、库房等建筑应特别注意，取 0.8）。调整系数只改变楼层质量，从而改变地震力的大小，但不改变荷载总值，即对竖向荷载作用下的内力计算无影响。

在 WMASS. OUT 中，"各层的质量、质心坐标信息"项输出的"活载产生的总质量"为已乘上组合系数后的结果。在"地震信息"选项卡里修改本参数，则"荷载组合"选项卡中"活荷重力代表值系数"联动改变。在 WMASS. OUT 中"各楼层的单位面积质量分布"项输出的单位面积质量为"1.0 恒＋0.5 活"组合；而 PM 竖向导荷默认采用"1.2 恒＋1.4 活"组合，两者结果可能有差异。

本项目填写：0.5。

（23）地震影响系数最大值

地震影响系数最大值由"设防烈度"参数控制，软件会根据该参数的变化自动更新地震影响系数最大值。

如果要进行中震弹性或不屈服设计，设计人员需要将"地震影响系数最大值"手工修改为设防烈度地震影响系数最大值。

地震影响系数最大值即"多遇地震影响系数最大值"，用于地震作用的计算时，无论是在多遇地震还是在中、大震弹性或不屈服计算时均应在此处填写"地震影响系数最大值"。

具体值可根据《抗规》表 5.1.4-1 来确定，如表 5-3 所示。

表 5-3　水平地震影响系数最大值

地震影响	6 度	7 度	8 度	9 度
多遇地震	0.04	0.08(0.12)	0.16(0.24)	0.32
罕遇地震	0.28	0.50(0.72)	0.90(1.20)	1.40

注：括号中数值分别用于设计基本地震加速度为 0.15g 和 0.30g 的地区。

（24）用于 12 层以下规则混凝土框架结构薄弱层验算的地震影响系数最大值

该参数仅用于按《抗规》5.5.4 条简化方法对 12 层及以下纯框架结构的弹塑性薄弱层位移计算。

本项目按默认值，不修改。

（25）竖向地震作用系数底线值

《高规》4.3.15　高层建筑中，大跨度结构、悬挑结构、转换结构、连体结构的连接体的竖向地震作用标准值，不宜小于结构或构件承受的重力荷载代表值与表 4.3.15 所规定的竖向地震作用系数的乘积。

表 4.3.15　竖向地震作用系数

设防烈度	7 度	8 度		9 度
设计基本地震加速度	0.15g	0.20g	0.30g	0.40g
竖向地震作用系数	0.08	0.10	0.15	0.20

注：g 为重力加速度。

如果竖向地震计算方法为振型分解反应谱法，则软件将判断计算结果是否小于该底线值，如果小于该底线值，则对竖向地震计算结果进行放大。

本项目不勾选。

（26）地震计算时不考虑地下室的结构质量

勾选此选项，计算自振周期及地震力时候均不考虑地下室质量，相当于地下室无质量。勾选时，有利于剪重比等指标的计算。

本项目不勾选。

5.2.7　地震信息

自定义影响系数曲线见图 5-13。

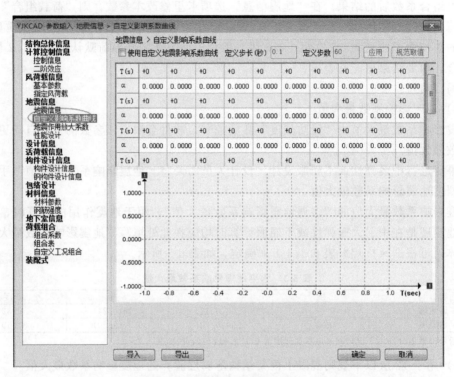

图 5-13　自定义影响系数曲线

软件提供了自定义影响系数曲线功能。选中"使用自定义地震影响系数曲线"后，表格及相应按钮变为可编辑状态，设计人员可以自行定义地震影响系数曲线，也可点击"规范取值"按钮来查看规范规定的影响系数曲线。

地震作用放大系数见图 5-14。

软件提供两种地震作用放大方法：全楼统一和分层设置。对于分层设置方法，可以导入时程分析的放大系数，也可以导入自定义放大系数文本，还可以将设置好的放大系数导出。不利地段放大 1.1～1.6。

5.2.8　地震信息

性能设计见图 5-15。

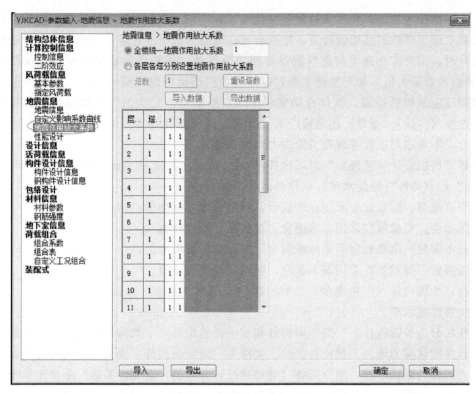

图 5-14　地震作用放大系数

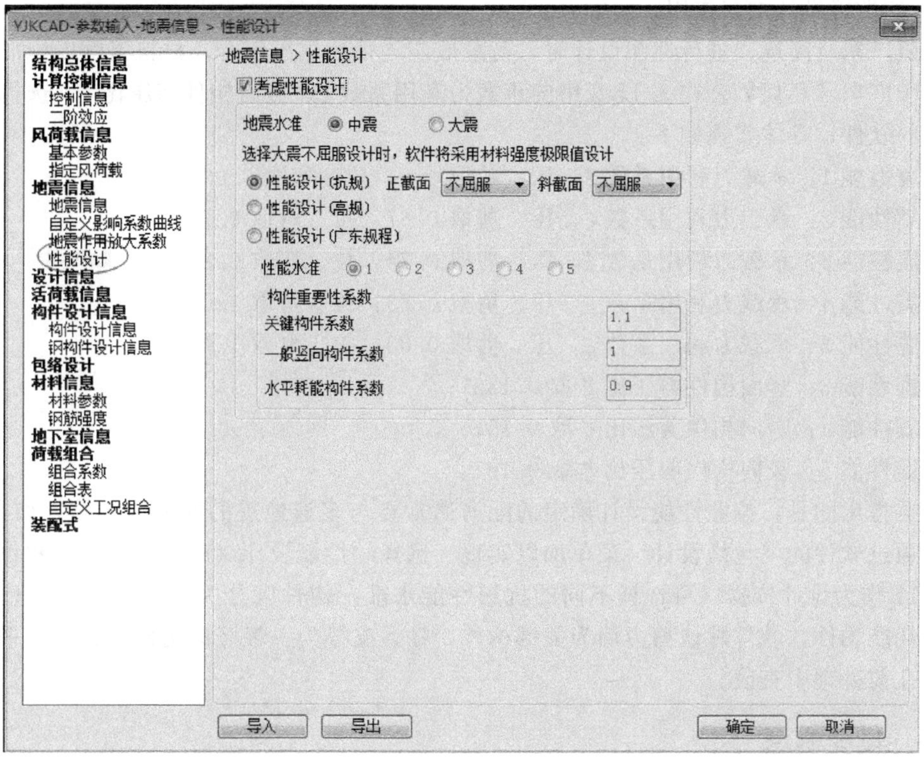

图 5-15　性能设计

扩充性能设计功能，并可支持按照《抗规》和广东《高规》两本规范进行性能设计。在计算参数中设置单独的性能设计页，把原来放在地震信息中的性能设计选项移出。进行新的性能设计时，用户除在这里勾选性能设计相关参数外，还需到地震参数中按地震烈度确认"地震影响系数最大值"和与性能水准对应的抗震构造措施的抗震等级，以便软件采取与性能水准相适应的构造措施，软件自动实现"地震影响系数最大值"与地震水准的联动。另外，无论按《抗规》《高规》还是按广东《高规》进行性能设计，均不考虑地震效应和风效应的组合，不考虑与抗震等级有关的内力调整系数。

选择"性能设计（抗规）"时，软件将《抗规》附录 M 作为设计依据。用户可以选择"不屈服"和"弹性"性能水准，软件具体实现如下：

中震不屈服：荷载效应采用标准组合，材料强度取标准值；

中震弹性：荷载效应采用基本组合，材料强度取设计值；

大震不屈服：荷载效应采用标准组合，材料强度取极限值；

大震弹性：荷载效应采用基本组合，材料强度取设计值。

选择"性能设计（广东规程）"时，软件将广东《高规》3.11 作为设计依据，可选择不同的抗震性能水准。

构件区分为关键构件、一般竖向构件和水平耗能构件，三类构件用构件重要性系数加以区分。软件默认剪力墙为关键构件，柱、支撑为一般竖向构件，梁为水平耗能构件，如果实际设计的构件与默认不符，用户可在"前处理及计算"的"重要性系数"中修改单个构件的重要性系数，软件在计算前处理增加"重要性系数"菜单，可对梁、柱、墙柱、墙梁、支撑按单个构件分别设置重要性系数，就是配合广东《高规》的需要。重要性系数菜单仅在广东《高规》的性能设计中起作用。

按照广东《高规》进行性能设计时，荷载效应均采用标准组合，材料强度以标准值为基准，对于广东《高规》公式 3.11.3 中的承载力利用系数 ξ、竖向构件剪压比 ζ，选择不同性能水准的软件，具体实现如下：

中震性能 1：承载力利用系数 ξ，压、剪取 0.6，拉、弯取 0.69；

中震性能 2：承载力利用系数 ξ，压、剪取 0.67，拉、弯取 0.77；

中震性能 3：承载力利用系数 ξ，压、剪取 0.74，拉、弯取 0.87；

中震性能 4：承载力利用系数 ξ，压、剪取 0.83，拉、弯取 1.0；

大震性能 2：承载力利用系数 ξ，压、剪取 0.83，拉、弯取 1.0；

大震性能 3：竖向构件剪压比 ζ 取 0.133；

大震性能 4：竖向构件剪压比 ζ 取 0.15；

大震性能 5：竖向构件剪压比 ζ 取 0.167。

需要指出的是，按照性能设计确定的配筋通常要与多遇地震的配筋取包络，如有需要，用户可通过软件的"包络设计"菜单加以实现。选择"性能设计（高规）"时，软件将《高规》3.11 作为设计依据，可选择不同的抗震性能水准。构件区分关键构件、一般竖向构件和水平耗能构件，软件默认剪力墙为关键构件，柱、支撑为一般竖向构件，梁为水平耗能构件，可在前处理中查改。

5.2.9 设计信息

设计信息见图 5-16。

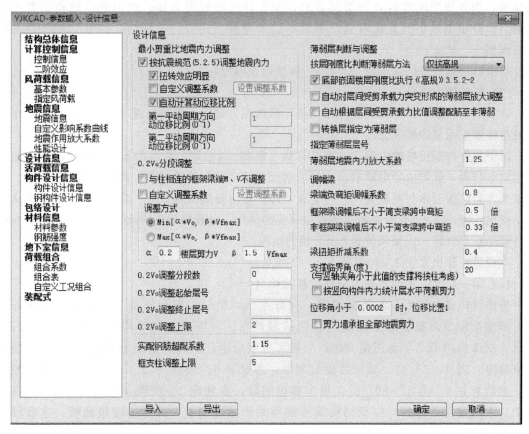

图 5-16　设计信息

（1）最小剪重比地震内力调整

《抗规》5.2.5 条条文说明中指出："由于地震影响系数在长周期段下降较快，对于基本周期大于 3.5s 的结构，由此计算所得的水平地震作用下的结构效应可能太小。而对于长周期结构，地震动态作用中的地面运动速度和位移可能对结构的破坏具有更大影响，但是规范所采用的振型分解反应谱法尚无法对此作出估计。出于结构安全的考虑，提出了对结构总水平地震剪力及各楼层水平地震剪力最小值的要求，规定了不同烈度下的剪力系数，当不满足时，需改变结构布置或调整结构总剪力和各楼层的水平地震剪力使之满足要求。例如，当结构底部的总地震剪力略小于本条规定而中、上部楼层均满足最小值时，可采用下列方法调整：若结构基本周期位于设计反应谱的加速度控制段时，则各楼层均需乘以同样大小的增大系数；若结构基本周期位于反应谱的位移控制段时，则各楼层 i 均需按底部的剪力系数的差值 $\Delta\lambda_0$ 增加该层的地震剪力——$\Delta F_{\mathrm{Ek}_i} = \Delta\lambda_0 G_{\mathrm{E}i}$；若结构基本周期位于反应谱的速度控制段时，则增加值应大于 $\Delta\lambda_0 G_{\mathrm{E}i}$，顶部增加值可取动位移作用和加速度作用二者的平均值，中间各层的增加值可近似按线性分布。"

《抗规》不仅规定了最小剪重比调整系数，同时也规定了调整方法。软件按照上述方法调整层地震剪力，当底部总剪力相差较多时，结构的选型和总体布置需重新调整，不能仅采用乘以增大系数的方法处理。

《抗规》条文说明中指出：满足最小地震剪力是结构后续抗震计算的前提，只有调整到符合最小剪力要求才能进行相应的地震倾覆力矩、构件内力、位移等的计算分析；即意味着，当各层的地震剪力需要调整时，原先计算的倾覆力矩、内力和位移均需要相应调整。软件根据最小剪重比调整结果对后续的倾覆力矩统计，内力、位移计算等均进行相应调整。

本项目勾选"按抗震规范（5.2.5）调整地震内力"。

（2）扭转效应明显

该参数与"最小剪重比地震内力调整"参数配合使用，用来处理《抗规》表5.2.5中规定的扭转效应明显的情况。

对于如何判断扭转效应明显，规范有如下解释。《抗规》5.2.5条文说明中指出：扭转效应明显与否一般可由考虑耦联的振型分解反应谱法分析结果判断，例如前三个振型中，两个水平方向的振型参与系数为同一个量级，即存在明显的扭转效应。《高规》4.3.12条文说明中指出：表4.3.12中所说的扭转效应明显的结构，是指楼层最大水平位移（或层间位移）大于楼层水平位移（或层间位移）1.2倍的结构。

本项目位移比大于1.2，勾选。

（3）第一、第二平动周期方向动位移比例（0～1）

按照《抗规》5.2.5的条文说明，在剪重比调整时，根据结构基本周期采用相应调整，即加速度段调整、速度段调整和位移段调整。弱轴方向即结构第一平动周期方向，强轴方向即结构第二平动周期方向，一般可根据结构自振周期 T 与场地特征周期 T_g 的比值来确定：当 $T < T_g$ 时，属加速度控制段，参数取 0；当 $T_g < T < 5T_g$ 时，属速度控制段，参数取 0.5；当 $T > 5T_g$ 时，属位移控制段，参数取 1。按照《抗规》5.2.5的条文说明，在减重比调整时，根据结构基本周期采用相应调整，即加速度段调整、速度段调整和位移段调整。

动位移比例因子按公式计算：$\zeta_a = (T - T_g) / 4T_g$，$T \geq 5T_g$ 时，取 1。

（4）自定义调整系数

软件提供自定义剪重比调整系数功能，设计人员可按软件规定的格式输入。

（5）$0.2V_0$ 调整分段数

程序开放了两道防线控制参数，允许取小值或者取大值，程序默认为取小值。

此处指定 $0.2V_0$ 调整的分段数，每段的起始层号和终止层号以空格或逗号隔开。如果不分段，则分段数填 1。如不进行 $0.2V_0$ 调整，应将分段数填为 0。

$0.2V_0$ 调整系数的上限值由参数"$0.2V_0$ 调整上限"控制，如果将起始层号填为负值，则不受上限控制。用户也可点取"自定义调整系数"，分层分塔指定 $0.2V_0$ 调整系数，但仍应在参数中正确填入 $0.2V_0$ 调整的分段数和起始、终止层号，否则，自定义调整系数将不起作用。程序缺省，$0.2V_0$ 调整上限为 2.0，框支柱调整上限为 5.0，可以自行修改。

注：①对有少量柱的剪力墙结构，让框架柱承担 20% 的基底剪力会使放大系数过大，以至框架梁、柱无法设计，所以 20% 的调整一般只用于主体结构。

②电梯机房，不属于调整范围。

（6）$0.2V_0$ 调整上限

该参数指的是 $0.2V_0$ 调整时放大系数的上限，默认为 2；如果输入负数，则无上限限制。

本项目填写：2。取为负数代表无上限。也可以填写一个较大的数，比如 50。

（7）实配钢筋超配系数

对于 9 度设防烈度的各类框架和一级抗震等级的框架结构，框架梁和连梁端部剪力、框架柱端部弯矩、剪力调整应按实配钢筋和材料强度标准值来计算，但在计算时因得不到实际配筋面积，目前通过调整计算设计内力的方法进行设计。该参数就是考虑材料、配筋因素的一个放大系数。

另外，在计算混凝土柱、支撑、墙受剪承载力时也要使用该参数估算实配钢筋面积。

本项目填写 1.15。

（8）框支柱调整上限

该参数指的是框支柱调整时放大系数的上限，默认为 5；如果输入负数，则无上限限制。

框支柱地震剪力调整不需要指定起止楼层号，但需要在特殊构件定义中指定框支柱。

本项目填写：5。

（9）按层刚度比判断薄弱层方法

规范规定：

《抗规》3.4.4-2　平面规则而竖向不规则的建筑，应采用空间结构计算模型，刚度小的楼层的地震剪力应乘以不小于 1.15 的增大系数，其薄弱层应按本规范有关规定进行弹塑性变形分析，并应符合下列要求：

1）竖向抗侧力构件不连续时，该构件传递给水平转换构件的地震内力应根据烈度高低和水平转换构件的类型、受力情况、几何尺寸等，乘以 1.25～2.0 的增大系数；

2）侧向刚度不规则时，相邻层的侧向刚度比应依据其结构类型符合本规范相关章节的规定；

3）楼层承载力突变时，薄弱层抗侧力结构的受剪承载力不应小于相邻上一楼层的 65%。

为了适应规范的不同规定，软件提供了 5 个选项：按《高规》和《抗规》从严、仅按《抗规》、仅按《高规》、按上海抗规剪切刚度比。系统不自动判断，供设计人员选择。

本项目选择：仅按《高规》。

（10）自动对层间受剪承载力突变形成的薄弱层放大调整

《抗规》3.4.3 条和《高规》3.5.8 条均对由于层间受剪承载力突变形成的薄弱层做出了地震作用放大的规定。由于计算受剪承载力需要配筋结果，因此需先进行一次全楼配筋设计，然后根据楼层受剪承载力判断后的薄弱层再次进行全楼配筋，这样会对计算效率有影响。因此软件提供该参数，勾选该项，则软件自动根据受剪承载力判断出来的薄弱层再次进行全楼配筋设计，如果没有判断出薄弱层则不会再次进行配筋设计。

本项目不勾选。

（11）自动根据层间受剪承载力比值调整钢筋至非薄弱

可对受剪承载力薄弱层自动增加柱、墙配筋到非薄弱。勾选此参数后，软件对层间受剪承载力比值小于 0.8 的楼层，将自动增加柱、墙构件的计算钢筋直到层间受剪承载力比值大于 0.8，使该层不再是薄弱层。

软件增加的是柱的纵向钢筋和剪力墙的水平分布钢筋。如果用户同时还勾选了参数"自动对受剪承载力突变形成的薄弱层放大调整"，则软件优先进行增加柱、墙钢筋的调整，如果可以调整到非薄弱层的水平，则不会再把该层判定为受剪承载力薄弱层，也就不会再进行楼层内力放大 1.25 倍的调整。如果根据刚度或手工指定了薄弱层，则软件将不进行配筋调整。

本项目不勾选。

（12）转换层指定为薄弱层

带转换层结构属于竖向抗侧力构件不连续结构，一般宜将转换层指定为薄弱层。软件提供该选项，由设计人员控制是否需要将转换层指定为薄弱层。

本项目没有转换层，不勾选。

（13）底部嵌固楼层刚度比执行《高规》3.5.2-2

《高规》3.5.2-2 条规定："……对于底部嵌固楼层，该比值不宜小于 1.5。"该参数用来控制底部嵌固楼层是否执行 1.5 的规定。

本项目勾选。

（14）指定薄弱层层号

软件根据上下层刚度比判断薄弱层，并自动进行地震作用调整，但对于竖向不规则的楼层不能自动判断为薄弱层，需要设计人员手工指定。可用逗号或空格分隔楼层号。

（15）薄弱层地震内力放大系数

该参数用于薄弱层的地震内力放大。《抗规》3.4.4.2 条规定："平面规则而竖向不规则的建筑，应采用空间结构计算模型，刚度小的楼层的地震剪力应乘以不小于 1.15 的增大系数。"《高规》3.5.8 条规定："侧向刚度变化、承载力变化、竖向抗侧力构件连续性不符合本规程第 3.5.2、3.5.3、3.5.4 条要求的楼层，其对应于地震作用标准值的剪力应乘以 1.25 的增大系数。"

默认值为 1.25。本项目填写 1.25。

（16）梁端负弯矩调幅系数

现浇框架梁 0.8～0.9，装配整体式框架梁 0.7～0.8。

框架梁在竖向荷载作用下梁端负弯矩调整系数，是考虑梁的塑性内力重分布。通过调整使梁端负弯矩减小，跨中正弯矩加大（程序自动加）。梁端负弯矩调整系数一般取 0.85。

注：①程序隐含钢梁为不调幅梁，不要将梁跨中弯矩放大系数与其混淆。

②弯矩调幅法是考虑塑性内力重分布的分析方法，与弹性设计相对；它可以使结构更经济，充分挖掘混凝土结构的潜力并利用其优点；它可以使得内力均匀。对于承受动力荷载、使用上要求不出现裂缝的构件，要尽量少调幅。

③调幅与"强柱弱梁"并无直接关系，要保证强柱弱梁，强度是关键，刚度不是关键，即柱截面承载能力要大于梁（满足规范要求），在发生地震灾害地区的很多房屋，并没有出现预期的"强柱弱梁"，反而是"强梁弱柱"，这是因为忽略了楼板钢筋参与负弯矩分配，还有其他原因，比如：梁端配筋时内力所用截面为矩形截面，计算结果比 T 形截面大；习惯性放大梁支座配筋及跨中配筋的纵筋 5%～10%；基于裂缝控制，两端配筋远大于计算配筋，未计入双筋截面及受压翼缘的有利影响；低估截面承载能力；施工原因。

本项目填写：0.8。

（17）框架梁调幅后不小于简支梁跨中弯矩倍数

《高规》5.2.3-4　截面设计时，框架梁跨中截面正弯矩设计值不应小于竖向荷载作用下按简支梁计算的跨中弯矩设计值的 50%。

该参数用来控制框架梁系数，默认为 0.5。

本项目填写：0.5。

（18）非框架梁调幅后不小于简支梁跨中弯矩倍数

《钢筋混凝土连续梁和框架考虑内力重分布设计规程》（CECS 51：93）第 3.0.3-3 条规定："弯矩调幅后……；各控制截面的弯矩值不宜小于简支梁弯矩值的 1/3。"

该参数用来控制非框架梁系数，默认为 0.33。

本项目填写：0.33。

（19）梁扭矩折减系数

现浇楼板（刚性假定）取值 0.4～1.0，一般取 0.4；现浇楼板（弹性楼板）取 1.0。本工程板端按简支考虑，梁扭矩折减系数可取 1.0（偏于安全），在剪力墙结构中，可取 0.4～1.0。

本项目填写：0.4。

（20）支撑临界角（度）

当支撑与竖轴的夹角小于某角度时，软件对该支撑按照柱来进行设计。一般可以这样认为：当支撑与 Z 轴夹角小于 20°时，按柱处理，大于 20°时按支撑处理。但有时候也不一定遵循以上准则，可以由用户根据工程需要自行指定。

本项目填写：20。

（21）按竖向构件内力统计层水平荷载剪力

该参数用来控制层地震剪力统计方式。勾选该项，则按每层竖向构件底截面内力投影并按叠加后的结果统计层地震剪力，否则按照各层地震外力由上至下累加的方式统计层地震剪力。按竖向构件内力统计层地震剪力的好处是不必考虑连体结构的剪力分配问题、地下室部分扣除侧土弹簧反力问题、不等高嵌固问题等；缺点是，如果有越层构件，则统计结果可能有误差。

本项目不勾选。

（22）位移角较小时位移比设置为 1

《高规》3.4.5（略）

注　当楼层的最大层间位移不大于本规程第 3.7.3 条规定的限值的 40%时，该楼层竖向构件的最大水平位移和层间位移与该楼层平均值的比值可适当放松，但不应大于 1.6。

从规范的出发点来看，当位移角很小时，位移比可以适当放松。

该参数用来控制位移角很小时，不计算位移比，即直接设置位移比为 1。

可以按默认值：0.0002。

5.2.10　活荷载信息

活荷载信息见图 5-17。

（1）设计时折减柱、墙活荷载

该参数用来控制在设计时是否折减柱、墙活荷载。点选"折减"，程序会按照右侧输入

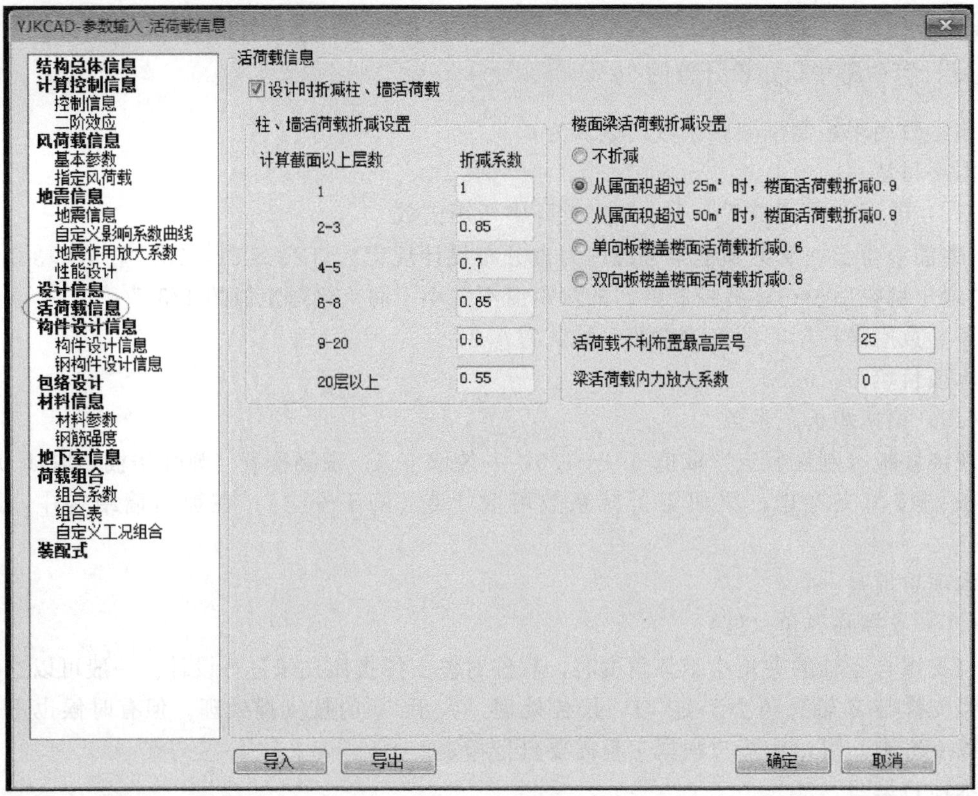

图 5-17 活荷载信息

的楼层折减系数进行活荷载折减，生成的墙、柱轴压比及配筋会比点选"不折减"稍微小一些。所以，当需要以结构偏安全性为先的时候，建议点选"不折减"；当需要以墙、柱尺寸和结构经济性为先的时候，建议点选"折减"。

本项目勾选。

（2）柱、墙活荷载折减设置

> **《荷规》5.1.2-2** 设计墙、柱和基础时：
>
> 1）第 1（1）项应按表 5.1.2 规定采用；
>
> 2）第 1（2）～7 项应采用与其楼面梁相同的折减系数；
>
> 3）第 8 项的客车，对单向板楼盖应取 0.5，对双向板楼盖和无梁楼盖应取 0.8；
>
> 4）第 9～13 项应采用与所属房屋类别相同的折减系数。
>
> 注：楼面梁的从属面积应按梁两侧各延伸二分之一梁间距的范围内的实际面积确定。
>
> **表 5.1.2 活荷载按楼层的折减系数**
>
> | 墙、柱、基础计算截面以上的层数 | 1 | 2～3 | 4～5 | 6～8 | 9～20 | ＞20 |
> | --- | --- | --- | --- | --- | --- | --- |
> | 计算截面以上各楼层活荷载总和的折减系数 | 1.00(0.90) | 0.85 | 0.70 | 0.65 | 0.60 | 0.55 |
>
> 注：当楼面梁的从属面积超过 25m² 时，应采用括号内的系数。

《荷规》5.1.2-2 第 1（1）详按程序默认；第 1（2）～7 项按基础从属面积（因"柱墙

设计时活荷载"中梁、柱按不折减，此处仅考虑基础）超过 $50m^2$ 时取 0.9，否则取 1，一般多层可取 1，高层 0.9；第 8 项汽车通道及停车库可取 0.8。一般可按默认值。

本项目按默认值。

（3）楼面活荷载折减设置

软件允许梁活荷载折减与柱、墙活荷载折减同时设置，并在计算与设计时避免重复折减。

本项目选择：从属面积超过 $25m^2$ 时，楼面活荷载折减 0.9。

（4）活荷载不利布置最高层号

该参数主要控制梁考虑活荷载不利布置时的最高楼层号，小于等于该楼层号的各层均考虑梁的活荷载不利布置，高于该楼层号的楼层不考虑梁的活荷载不利布置。如果不想考虑梁的活荷载不利布置，则可以将该参数填 0。需要注意的是，该参数只控制梁的活荷载不利布置除屋面外的所有楼层。

本项目地上有 26 层，除开屋面层后，填写 25。

（5）梁活荷载内力放大系数

《高规》5.1.8　高层建筑结构内力计算中，当楼面活荷载大于 $4kN/m^2$ 时，应考虑楼面活荷载不利布置引起的结构内力的增大；当整体计算中未考虑楼面活荷载不利布置时，应适当增大楼面梁的计算弯矩。

该放大系数通常可取 1.1～1.3，活载大时选用较大数值。

输入梁活荷载内力放大系数是考虑活荷载不利布置的一种近似算法，如果用户选择了活荷载不利作用计算，则本系数填 1 即可。软件只对一次性加载的活荷载计算结果考虑该放大系数。如果设计人员在计算时同时考虑了活荷载不利布置和活荷载内力放大系数，则软件只放大一次性加载的活载计算结果。

本项目填写：0。

5.2.11　构件设计信息

构件设计信息见图 5-18。

（1）柱配筋计算方法

默认为按单偏压计算，一般不需要修改。单偏压在计算 X 向配筋时不考虑 Y 向钢筋的作用，计算结果具有唯一性，详见《混规》7.3 条；而双偏压在计算 X 向配筋时考虑了 Y 向钢筋的作用，计算结果不唯一，详见《混规》附录 F。建议采用单偏压计算，采用双偏压验算。《高规》6.2.4 条规定："抗震设计时，框架角柱应按双向偏心受力构件进行正截面承载力设计。"如果用户在"特殊柱"菜单下指定了角柱，程序对其自动按照双偏压计算。对于异形柱结构，程序自动按双偏压计算异形柱配筋。

注：①角柱是指建筑角部柱的两个方向各只有一根框架梁与之相连的框架柱，故建筑凸角处的框架柱为角柱，而凹角处框架柱并非角柱。

②全钢结构中，指定角柱并选《高层民用建筑钢结构技术规程》（以下简称《高钢规》）验算时，程序自动按《高钢规》5.3.4 条放大角柱内力 30%。一般单偏压计算，双偏压验算；考虑双向地震时，采用单偏压计算；对于异形柱，结构程序自动采用双偏压计算。

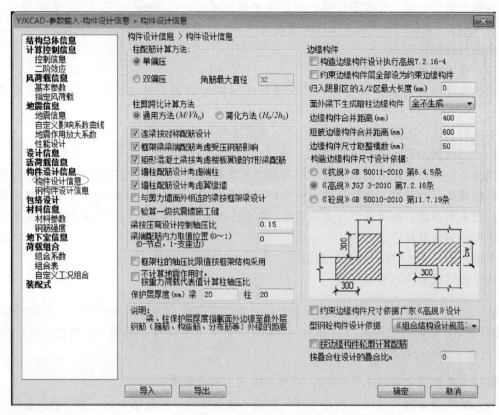

图 5-18　构件设计信息

本项目勾选：单偏压。

（2）柱剪跨比计算方法

软件提供两种算法：通用方法（M/Vh_0）和简化方法（$H_n/2h_0$），并将剪跨比输出到 wpj 文件中。通用方法（M/Vh_0）结果比简化算法要大，可有效避免简化算法时大量柱超限的不正常现象；通常选用简化方法（$H_n/2h_0$）超出规定值时，往往选用通用方法（M/Vh_0）。

本项目选择：通用方法（M/Vh_0）。

（3）连梁按对称配筋设计

选择该项，则连梁正截面设计时按《混规》11.7.7 条对称配筋公式计算配筋；否则按普通框架梁设计。

本项目勾选。

（4）框架梁梁端配筋考虑受压钢筋影响

《抗规》6.3.3-1　梁端计入受压钢筋的混凝土受压区高度和有效高度之比，一级不应大于 0.25，二、三级不应大于 0.35。

《抗规》6.3.3-2　梁端截面的底面和顶面纵向钢筋配筋量的比值，除按计算确定外，一级不应小于 0.5，二、三级不应小于 0.3。

如果勾选该项，则软件在框架梁端配筋时确保受压钢筋与受拉钢筋的比例满足规范要求，且使得受压区高度也满足规范要求；不勾选该项，则软件在配筋时与跨中截面的配筋方式一致，即先按单筋截面设计，不满足才按双筋截面设计，不考虑上述规定。

本项目勾选。

（5）矩形混凝土梁按考虑楼板翼缘的 T 形梁配筋

《混规》5.2.4 对现浇楼盖和装配整体式楼盖，宜考虑楼板作为翼缘对梁刚度和承载力的影响。

勾选该项，软件自动按《混规》表 5.2.4 所列情况计算梁有效翼缘宽度，并按考虑翼缘后 T 形截面进行配筋设计。软件只考虑受压翼缘的影响。

本项目勾选。

（6）墙柱配筋设计考虑端柱

对于带边框柱剪力墙，最终边缘构件配筋是先几部分构件单独计算，然后叠加配筋结果，一部分为与边框柱相连的剪力墙暗柱计算配筋量，另一部分为边框柱的计算配筋量，两者相加后再与规范构造要求比较取大值。这样的配筋方式常使配筋量偏大。

勾选该项，则软件对带边框柱剪力墙按照柱和剪力墙组合在一起的方式配筋，即自动将边框柱作为剪力墙的翼缘，按照工形截面或 T 形截面配筋，这样的计算方式更加合理。

本项目勾选。

（7）墙柱配筋设计考虑翼缘墙

即是否按照组合墙方式配筋。

《混规》9.4.3 在承载力计算中，剪力墙的翼缘计算宽度可取剪力墙的间距、门窗洞间翼墙的宽度、剪力墙厚度加两侧各 6 倍翼墙厚度、剪力墙墙肢总高度的 1/10 四者中的最小值。

《抗规》6.2.13-3 抗震墙结构、部分框支抗震墙结构、框架-抗震墙结构、框架-核心筒结构、筒中筒结构、板柱-抗震墙结构计算内力和变形时，其抗震墙应计入端部翼墙的共同工作。

不勾选此项（以往的设计）时，软件在剪力墙墙柱配筋计算时对每一个墙肢单独按照矩形截面计算，不考虑翼缘作用。勾选此项，则软件对剪力墙的每一个墙肢计算配筋时，考虑其两端节点相连的部分墙段作为翼缘，按照组合墙方式计算配筋。软件考虑的每一端翼缘将不大于墙肢本身的一半，如果两端的翼缘都是完整的墙肢，则软件自动对整个组合墙按照双偏压配筋计算，一次得出整个组合墙配筋；如果某一端翼缘只包含翼缘所在墙的一部分，则软件对该分离的组合墙按照不对称配筋计算，得出的是本墙肢配筋结果。组合墙的计算内力是将各段内力向组合截面形心换算得到的组合内力，如果端节点布置了边框柱，则组合内力将包含该柱内力。在配筋简图的右侧菜单中设置了"墙柱轮廓"菜单，点取该菜单后，鼠标悬停在任一剪力墙的墙肢上时，可以显示该墙肢配筋计算时采用的截面形状。不考虑翼缘时为矩形的单墙肢，考虑翼缘时为组合墙的形状。由于软件对于长厚比小于 4 的墙肢按照柱来进行配筋设计，因此当该墙肢不满足双偏压配筋条件时，将显示为矩形的单墙肢。对于单独的矩形墙肢，是否勾选此项软件都按照单墙肢的对称配筋计算。剪力墙墙柱的配筋简图的两端配筋结果，是否勾选此项的表示方式不同。不考虑翼缘墙时，给出一个配筋数值，表示按照对称配筋的纵筋值；考虑翼缘墙时，给出两个配筋数值，因为软件按照不对称配筋得出的墙肢两端可能是不同的纵筋计算结果。

本项目勾选。

（8）与剪力墙面外相连的梁按框架梁设计

该参数用来控制两端均与剪力墙面外相连梁是否按框架梁设计，勾选该项，则抗震等级同框架梁；否则按非框架梁设计。

本项目不勾选。因为另一端的支座是柱子还是剪力墙的面外未知。

（9）验算一级抗震墙施工缝

该参数用来控制一级抗震时抗震墙是否按《高规》7.2.12 条验算水平施工缝。

本项目不勾选。

（10）梁按压弯设计控制轴压比

对于存在轴压力的梁，如独立梁、坡屋面梁等，软件可自动按压弯构件进行配筋设计。由于在大偏压状态下，轴压力对承载力起有利作用，因此软件通过该参数控制轴压力，当某种组合下梁由设计轴压力计算得到的轴压比大于该参数值，则按压弯构件设计，否则按纯弯构件设计。注意，该参数只用来控制轴压力，且仅对混凝土梁有效。

本项目按默认值填写：0.15。

（11）梁端配筋内力取值位置

该参数用来控制梁配筋时的端部内力取值位置，0 表示取到节点，1 表示取到柱边。可以输入 0～1 之间的数。如果计算时考虑了刚域，则 0 表示取到刚域边。

本项目按默认值填写：0。

（12）框架柱的轴压比限值按框架结构采用

《高规》8.1.3-3 当框架部分承受的地震倾覆力矩大于结构总地震倾覆力矩的 50％但不大于 80％时……，框架部分的抗震等级和轴压比限值宜按框架结构的规定采用。

《高规》8.1.3-4 当框架部分承受的地震倾覆力矩大于结构总地震倾覆力矩的 80％时……，框架部分的抗震等级和轴压比限值应按框架结构的规定采用。

软件提供该参数，由设计人员确定框架柱的轴压比限值是否按框架结构采用。

本项目不勾选。应结合具体实际工程来判断。

（13）不计算地震作用时，按重力荷载代表值计算柱轴压比

《抗规》6.3.6 注 1 中指出："对本规范规定不进行地震作用计算的结构，可取无地震作用组合的轴力设计值计算。"

当不计算地震作用时，软件默认取无地震作用组合下的轴力设计值计算轴压比。鉴于部分工程师提出可按照重力荷载代表值计算，因此软件提供该参数，默认不勾选。

本项目不勾选。

（14）梁、柱保护层厚度

《混规》8.2.1 条文说明中指出："从混凝土碳化、脱钝和钢筋锈蚀的耐久性角度考虑，不再以纵向受力钢筋的外缘，而以最外层钢筋（包括箍筋、构造筋、分布筋等）的外缘计算混凝土保护层厚度。"因此本次修订后的保护层实际厚度比原规范实际厚度普遍加大。

由于混凝土强度等级大于 C25，且环境类别属于一类，梁柱保护层厚度可取 20mm，具体可查看《混规》保护层厚度＋环境类别章节。

（15）构造边缘构件设计执行《高规》7.2.16-4

《高规》7.2.16-4 条对抗震设计时，连体结构、错层结构及 B 级高度高层建筑结构中剪力墙（筒体）构造边缘构件的最小配筋做出了规定。该选项用来控制剪力墙构造边缘构件是

否按照《高规》7.2.16-4 条执行。执行该选项将使构造边缘构件配筋量提高。

本项目不勾选。

（16）约束边缘构件层全部设为约束边缘构件

勾选此选项时，所有在底部加强区的边缘构件均按约束边缘构件的构造处理，不进行底截面轴压比的判断。此选项略为保守，但方便设计和施工。2002 年版《高规》有与此类似的规定。出于设计简便和与旧规范有延续性的考虑，软件中设置此选项。此选项默认不勾选。

本项目不勾选，不勾选更具有经济性。

（17）归入阴影区的 $\lambda/2$ 区最大长度

本项目填写：0，按默认值。

（18）面外梁下生成暗柱边缘构件

勾选此选项时，软件在剪力墙面外梁下的位置设置暗柱。暗柱的尺寸及配筋构造均按《高规》7.1.6 条的规定执行。软件并未考虑面外梁是否与墙刚接，只要勾选此项，所有墙面外梁下一律生成暗柱。当面外梁均与墙铰接时，可不勾选此选项，此时梁下墙的配筋做法需要设计人员另行说明。

本项目选择：全不生成。在绘制施工图时，根据以下原则进行判断：梁与剪力墙单侧垂直相交时，如果梁跨度≥4m 或梁面配筋面积超过 $3cm^2$，则需在模型与实际设计图纸中设置暗柱，暗柱根据计算结果进行配筋或梁端点铰处理，加大梁底钢筋，或梁与侧壁单侧垂直相交时，如果梁面配筋面积超过 $9cm^2$，则需在模型与实际设计图纸中设置暗柱，暗柱根据计算结果进行配筋或梁端点铰处理，加大梁底钢筋。

（19）边缘构件合并距离

如果相邻边缘构件阴影区距离小于该参数，则软件将相邻边缘构件合并。

本项目填写：400。

（20）短肢边缘构件合并距离

由于规范对短肢剪力墙的最小配筋率的要求要高得多，短肢墙边缘构件配筋很大常放不下。将距离较近的边缘构件合并可使配筋分布更加合理。为此设此参数，软件隐含设置值比普通墙高一倍，为 600mm。

本项目填写：600。

（21）边缘构件尺寸取整模数

边缘构件尺寸按该参数四舍五入取整。

本项目填写：50。

（22）构造边缘构件尺寸设计依据

《高规》《抗规》《混规》关于构造边缘构件尺寸规定略有差异，软件提供该选项，供设计人员选择。

本项目勾选：《高规》。既然是高层住宅，则按《高规》进行设计。

（23）约束边缘构件尺寸依据广东《高规》设计

勾选该项，则约束边缘构件尺寸按广东《高规》取。应根据实际工程来勾选。

本项目不在广东，不勾选。

（24）按边缘构件轮廓计算配筋

本项目不勾选。

5.2.12 钢构件设计信息

钢构件设计信息见图 5-19。

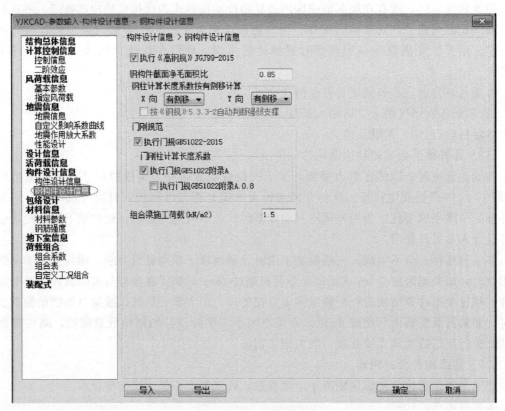

图 5-19 钢构件设计信息

(1) 执行《高钢规》(JGJ 99—2015)

根据具体工程来判断。如果输入《高钢规》范围内的项目类型，应勾选。

(2) 钢构件截面净毛面积比

钢构件截面净面积与毛面积的比值，该参数主要用于钢梁、钢柱、钢支撑等钢构件的强度验算。净面积是构件去掉螺栓孔之后的截面面积，毛面积就是构件总截面面积，此值一般为 0.85～0.92，轻钢结构最大可以取到 0.92，钢框架的可以取到 0.85。

(3) 钢柱计算长度系数按有侧移计算

该参数仅对钢结构有效，对混凝土结构不起作用，通常钢结构宜选择"有侧移"，如不考虑地震、风作用时，可以选择"无侧移"。

无侧移与填充墙无关，与支撑的抗侧刚度有关。钢结构建筑满足《抗规》相应要求，而层间位移不大于 1/1000 时，方可考虑按无侧移方法取计算长度系数。有支撑就认为结构无侧移的说法也是不对的，填充墙更不能作为考虑无侧移的条件。桁架计算长度是按无侧移取的。

5.2.13 材料信息

材料参数见图 5-20。

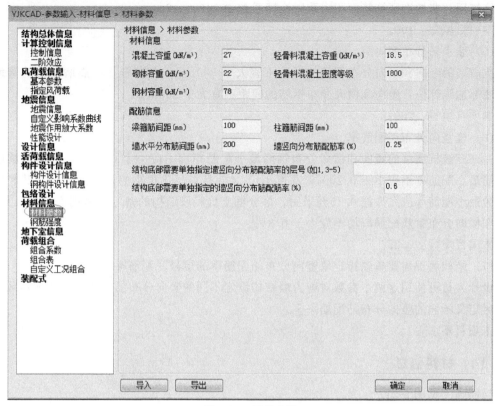

图 5-20　材料参数

（1）混凝土容重

由于建模时没有考虑墙面的装饰面层，因此钢筋混凝土计算容重，考虑饰面的影响应大于 25，不同结构构件的表面积与体积比不同，对饰面的影响不同，一般按结构类型（表 5-4）取值。

表 5-4　不同结构构件的容重

结构类型	框架结构	框剪结构	剪力墙结构
容重	26	26～27	27

注：姜学诗在"SATWE 结构整体计算时设计参数的合理选取（一）"做了相关规定，钢筋混凝土容重应根据工程实际取，其增大系数一般可取 1.04～1.10，钢材容重的增大系数一般可取 1.04～1.18。即结构整体计算时，输入的钢筋混凝土材料的容重可取为 26～27.5。

本项目填写：27。

（2）钢材容重

一般取 78，不必改变。钢结构工程时要改，钢结构时因装修荷载钢材连接附加重量及防火、防腐等影响通常放大 1.04～1.18，即取 82～93。

（3）其他材料容重

一般可按默认值。

（4）梁、柱箍筋间距

该参数在进行混凝土构件斜截面配筋设计时使用，且输出的抗剪钢筋面积一般为单位间距内的钢筋面积。例如梁，如果施工图设计时加密区箍筋间距为 100mm，非加密区箍筋间距为 200mm，计算时输入的箍筋间距也为 100mm，则软件计算结果中，梁加密区箍筋面积可直接使用，非加密区箍筋面积需乘以换算系数 $200/100=2$。

本项目填写：100。

（5）墙水平分布筋间距

抗震墙的竖向和横向分布钢筋的间距不宜大于 300mm，部分框支抗震墙结构的落地抗震墙底部加强部位，竖向和横向分布钢筋的间距不宜大于 200mm。

本项目填写：200。

（6）墙竖向分布筋配筋率

一～三级抗震墙的竖向和横向分布钢筋最小配筋率均不应小于 0.25%，四级抗震墙分布钢筋最小配筋率不应小于 0.20%。高度小于 24m 且剪压比很小的四级抗震墙，其竖向分布筋的最小配筋率应允许按 0.15% 采用。部分框支抗震墙结构的落地抗震墙底部加强部位，竖向和横向分布钢筋配筋率均不应小于 0.3%。

本项目填写：0.25。

（7）结构底部需要单独指定墙竖向分布筋配筋率的层号、配筋率

设计人员可使用这两个参数对剪力墙结构设定不同的竖向分布筋配筋率，如加强区和非加强区定义不同的竖向分布筋配筋率。

本项目不填写。

5.2.14 材料信息

钢筋强度见图 5-21。

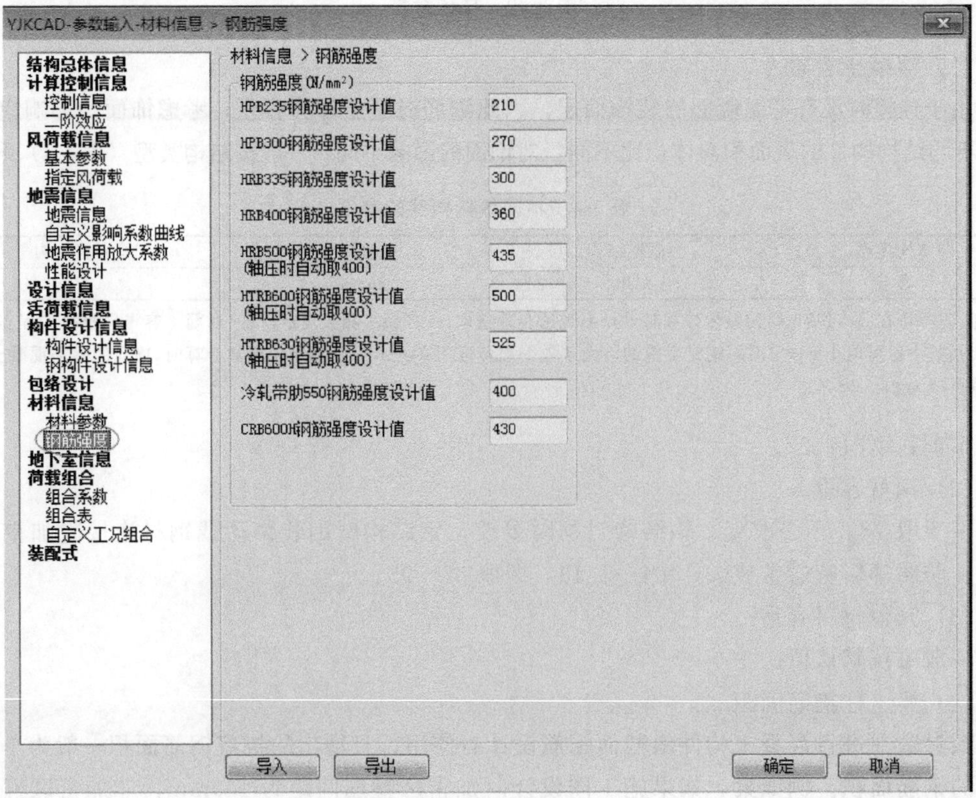

图 5-21　钢筋强度

一般可按默认值，不用修改。

5.2.15 地下室信息

地下室信息见图 5-22。

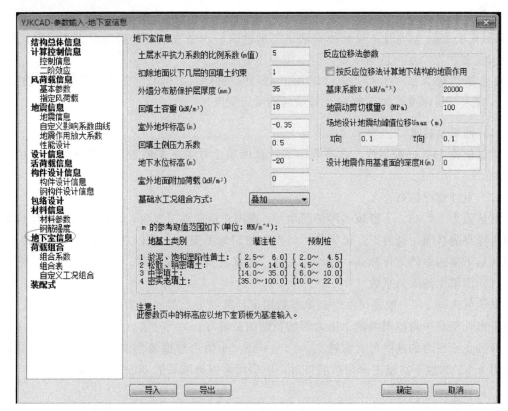

图 5-22　地下室信息

（1）土层水平抗力系数的比例系数（m 值）

土层水平抗力系数的比例系数 m，其计算方法即是土力学中水平力计算常用的 m 法。m 值的大小随土类及土状态而不同：对于松散及稍密填土，m 在 4.5～6.0 之间取值；对于中密填土，m 在 6.0～10.0 之间取值；对于密实填土，m 在 10.0～22.0 之间取值。需要注意的是，负值仍保留原有版本的意义，即为绝对嵌固层数。

土层水平抗力系数的比例系数 m，用 m 值求出的地下室侧向刚度约束呈三角形分布，在地下室顶层处为 0，并随深度增加而增加。

本项目填写：5。

（2）扣除地面以下几层的回填土约束

默认值为 0，一般不改。该参数的主要作用是由设计人员指定从第几层地下室考虑基础回填土对结构的约束作用，比如某工程有 3 层地下室，"土层水平抗力系数的比例系数"填 10，若设计人员将此项参数填为 1，则程序只考虑地下 3 层和地下 2 层回填土对结构有约束作用，而地下 1 层则不考虑回填土对结构的约束作用。

本项目填写：1（半地下室）。

（3）外墙分布筋保护层厚度

默认值为 35，一般可根据实际工程填写，比如南方地区，当做了防水处理措施时，可取 30mm。根据《混规》表 8.2.1 选择，环境类别见《混规》3.5.2 条。在地下室外围墙平面外配筋计算时用到此参数。外墙计算时没有考虑裂缝问题；外墙中的边框柱也不参与水土压力计算。

> 《混规》8.2.2-4　当对地下室墙体采取可靠的建筑防水做法或防护措施时，与土层接触一侧钢筋的保护层厚度可适当减少，但不应小于 25mm。
>
> 《混凝土结构耐久性设计标准》（GB/T 50479—2019）3.5.4　当保护层设计厚度超过 30mm 时，可将厚度取为 30mm 计算裂缝的最大宽度。

（4）回填土容重

默认值为 18，一般不改。该参数用来计算回填土对地下室侧壁的水平压力。一般建议取 18.0。

（5）室外地坪标高

默认值为 −0.35，一般按实际情况填写。当用户指定地下室时，该参数是指以结构地下室顶板标高为参照，高为正，低为负；当没有指定地下室时，则以柱（或墙）脚标高为准。单建式地下室的室外地坪标高一般均为正值。建议按实际情况填写。

（6）回填土侧压力系数

默认值为 0.5，一般建议不改。该参数用来计算回填土对地下室外墙的水平压力。由于地下车库外墙在净高范围内的土压力因墙顶部的位移可认为等于 0，因此应按静止土压力计算。而静止土压力的系数可近似按 $K_0 = 1 - \sin\varphi$（土的内摩擦角为 30°）计算。一般建议取默认值 0.5。当地下室施工采用护坡桩时，该值可乘以折减系数 0.66 后取 0.33。

（7）地下水位标高

该参数标高系统的确定基准同室外地坪标高，但应满足≤0。一般建议按实际情况填写。当勘察未提供防水设计水位和抗浮设计水位时，宜从填土完成面（设计室外地坪）满水位计算。上海地区，一般情况可按设计室外地坪以下 0.5m 计算。

（8）室外地面附加荷载

该参数用来计算地面附加荷载对地下室外墙的水平压力。一般建议取 5.0 kN/m²。

（9）基础水工况组合方式

该参数用来控制基础水工况组合方式，当勾选"上部结构计算考虑基础结构"时有效。

（10）反应位移法参数

可按默认值。

5.2.16　荷载组合

荷载组合/组合系数见图 5-23。

（1）结构重要性系数

在持久设计状况和短暂设计状况下，对安全等级为一级的结构构件不应小于 1.1，对安全等级为二级的结构构件不应小于 1.0，对安全等级为三级的结构构件不应小于 0.9。

本项目填写：1。

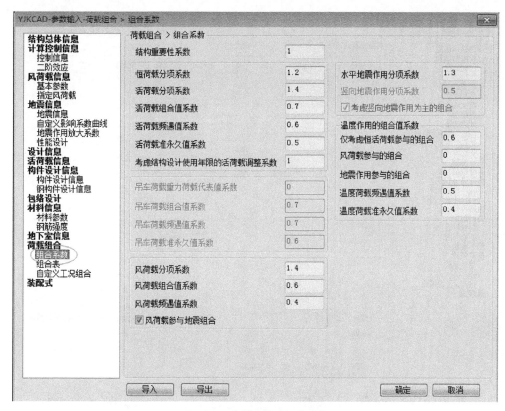

图 5-23　荷载组合/组合系数

（2）考虑结构设计使用年限的活荷载调整系数

《高规》5.6.1 条做出了相关规定，当设计使用年限为 50 年时取 1.0，设计使用年限为 100 年时取 1.1。

本项目填写：1。

（3）风荷载参与地震组合

《高规》表 5.6.4 给出了有地震作用组合时荷载和作用的分项系数，也做出了风荷载参与组合的相关规定，软件提供该选项，由设计人员确定风荷载是否参与地震组合。一般超过 60m 的高层建筑、水平长悬臂结构和大跨度结构，在 7 度（0.15g）、8 度、9 度抗震设计时要勾选。

本项目勾选。

（4）其他

其他可按默认值。但需要注意的是，等效均布活荷载≥4.0kN/m^2 时组合值系数取 0.8，活荷载＜4.0kN/m^2 时取 0.5。

5.2.17　荷载组合

荷载组合/组合表见图 5-24。

软件提供自定义荷载组合功能，并根据参数设置自动生成荷载组合默认值，设计人员可以在此手工修改荷载组合分项系数及增、删组合。设计人员修改荷载组合后，需要勾选"采用自定义组合"，软件才使用自定义的荷载组合。

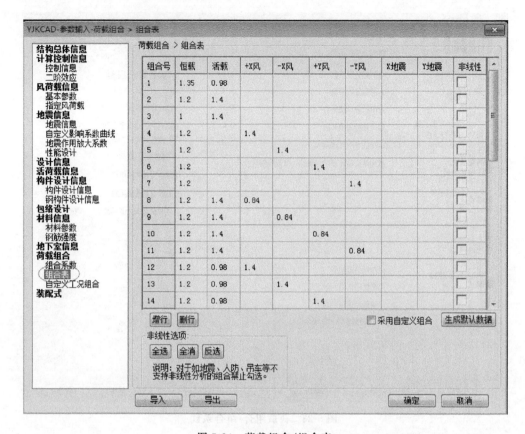

图 5-24　荷载组合/组合表

如果设计人员想恢复软件默认生成的荷载组合，可以点击"生成默认数据"恢复软件默认生成的荷载组合。

本项目按默认值。

5.2.18　荷载组合

荷载组合/自定义工况组合见图 5-25。

地下室顶板设计时要考虑消防车，往往可以自此进行操作，具体操作步骤如下。

① 自定义消防车工况（见图 5-26，程序内定为活荷载）。

② 勾选自定义消防车荷载的情况下布置荷载（见图 5-27）。消防车道一般 4m，在柱距之内：

方法一：按《荷规》附录 C 计算楼面等效均布活荷载；

方法二：地下室顶板采用弹性板 3/6，在车道上布置虚梁。

③ 自定义荷载组合里选择包络，点击生成默认数据（见图 5-28）。

④ 软件自动对梁柱消防车活荷载折减，进入基础模块，消防车荷载自动过滤掉。

5.2.19　装配式

装配式见图 5-29，若为装配式结构点选该选项。

如果是装配式结构，应勾选"装配式结构"。

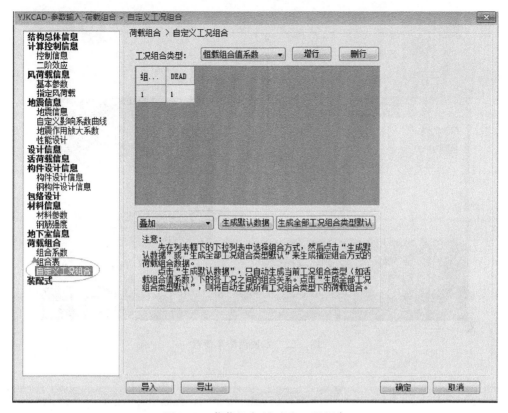

图 5-25 荷载组合/自定义工况组合

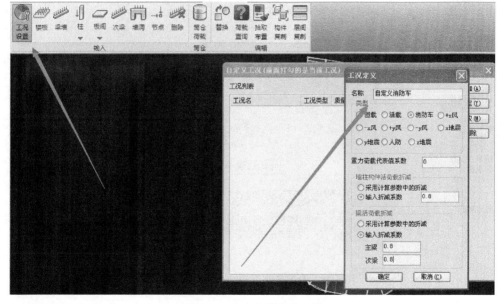

图 5-26 自定义消防车工况

图 5-27　布置消防车荷载

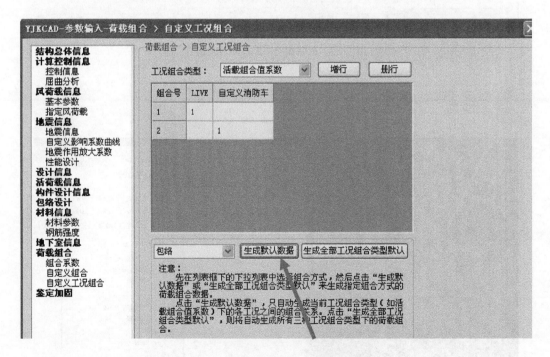

图 5-28　自定义工况组合（消防车荷载）

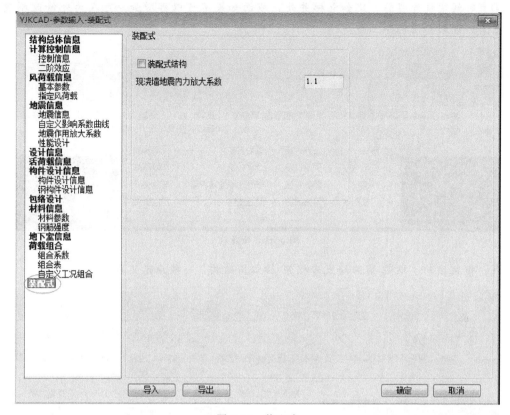

图 5-29 装配式

5.3 如何进行特殊构件设置?

答: 点击"特殊梁"（图 5-30），可以定义常见的梁中的特殊构件；点击"特殊柱"（图 5-31），可以定义常见的梁中的特殊构件；点击"特殊墙"（图 5-32），可以定义常见的墙中的特殊构件；点击"板属性"（图 5-33），可以定义常见的板中的特殊属性；点击"楼层属性/材料表"（图 5-34、图 5-35），可以定义构件的混凝土强度等级。

图 5-30 特殊梁

注：①一般住宅次梁始末两端可以点铰接，也可以不点铰接。点铰接时，最大层间位移角会减小。

②边跨 1.2m 高的飘窗边梁，如不设为连梁时，需把刚度系数设为 1.0。

③梁上（内侧无板）支承单侧悬挑梁及板时，应注意人工修改其扭矩折减系数为 1.0。

④有时候梁抗弯超筋，比如电梯井处，截面如果不可以再增加，可人为地修改刚度吸收，把内力调到其他构件上去。

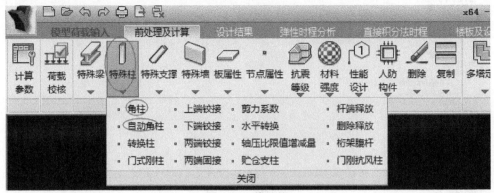

图 5-31　特殊柱

注：框架结构、框架-剪力墙或者框架-核心筒结构，一般应定义角柱。

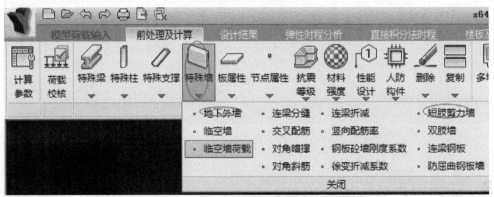

图 5-32　特殊墙

注：①有时候，程序自动把某些非短肢剪力墙定义为短肢剪力墙，可以用此命令修改。

②避免短肢剪力墙。200mm 厚和 250mm 厚的墙体长度分别不小于 1700mm 和 2100mm，或大于 300mm 厚墙体长度不小于 4 倍墙厚。广东省工程和其他地区规定不同，短肢剪力墙是指截面高度不大于 1600mm，且截面厚度小于 300mm 的剪力墙。

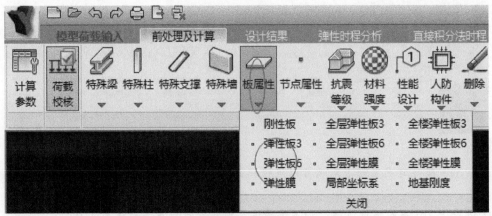

图 5-33　板属性

注：弹性板6，程序真实考虑楼板平面内、外刚度对结构的影响，采用壳单元，原则上适用于所有结构。但采用弹性板6计算时，由于是弹性楼板，楼板的平面外刚度与梁的平面内刚度都是竖向，板与梁会共同分配水平风荷载或地震作用产生的弯矩，这样计算出来的梁的内力和配筋会较刚性板假设时算出的少，且与真实情况不相符合（楼板不参与抗震），梁会变得不安全，因此该模型仅适用板柱结构。弹性板3，程序设定楼板平面内刚度为无限大，真实考虑平面外刚度，采用壳单元，因此该模型仅适用厚板结构。弹性膜，程序真实考虑楼板平面内刚度而假定平面外刚度为零；采用膜剪切单元，因此该模型适用钢楼板结构。刚性楼板是指平面内刚度无限大，平面外刚度为0，内力计算时不考虑平面内外变形，与板厚无关，程序默认楼板为刚性楼板。

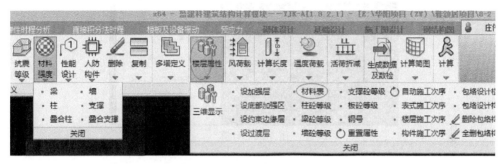

图5-34　楼层属性

	1塔					
	柱	墙	支撑	梁	板	钢号
1层	50	50	25	30	30	235
2层	50	50	25	30	30	235
3层	50	50	25	30	30	235
4层	50	50	25	30	30	235
5层	50	50	25	30	30	235
6层	50	50	25	30	30	235
7层	45	45	25	30	30	235
8层	45	45	25	30	30	235
9层	45	45	25	30	30	235
10层	45	45	25	30	30	235
11层	45	45	25	30	30	235
12层	40	40	25	30	30	235
13层	40	40	25	30	30	235

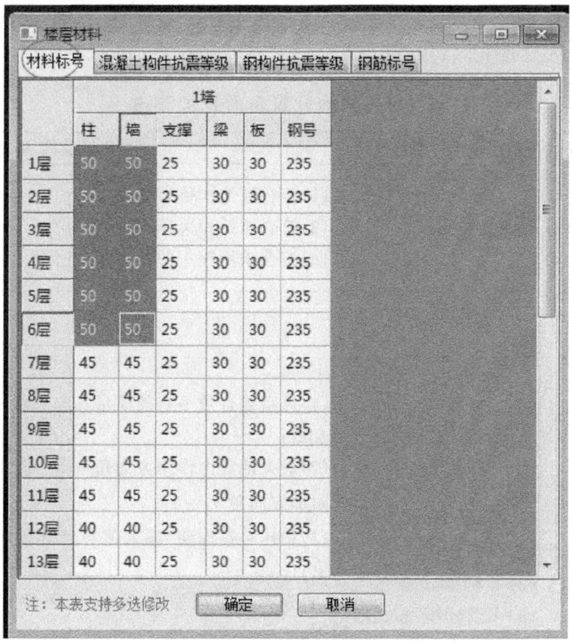

图5-35　材料标号

注：①修改混凝土构件的强度等级时，可以用窗口的方式框选，然后填写一个值，比如C50，则所框选楼层全部修改为C50。

②建模完成后，常常会再次修改标准层，进行楼层组装，此时应该重新填写“材料标号”。可以先点击“生成数据及数检”，再点击“楼层材料-材料标号”。

5.4 YJK 如何计算分析?

答: 点击"生成数据及数检",程序可以自动对模型进行检查;点击"计算"选择"生成数据+全部计算"(图 5-36),即可完成计算。

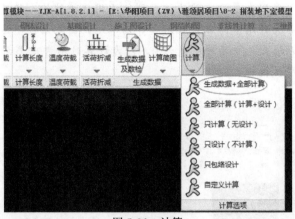

图 5-36 计算

5.5 结构计算步骤及控制点是什么?

答: 结构计算步骤及控制点见表 5-5。

表 5-5 结构计算步骤及控制点

计算步骤	步骤目标	建模或计算条件	控制条件及处理
(1)建模	几何及荷载模型	整体建模	(1)符合原结构传力关系; (2)符合原结构边界条件; (3)符合采用程序的假定条件
(2)计算一 (一次或多次)	整体参数的正确确定	(1)地震方向角 $\theta_0=0$; (2)单向地震; (3)不考虑偶然偏心; (4)不强制刚性楼板; (5)按总刚分析	(1)振型组合数→有效质量参与系数是否>0.9?→否则增加振型组合数; (2)最大地震力作用方向角→$\theta_0-\theta_m>15°$?→是,输入 $\theta_0=\theta_m$,输入附加方向角 $\theta_0=0$; (3)结构自振周期,输入值与计算值相差>10%时,按计算值改输入值; (4)查看三维振型图,确定裙房参与整体计算范围→修正计算简图; (5)短肢墙承担的抗倾覆力矩比例>50%?→是,修改设计; (6)框剪结构框架承担抗倾覆力矩>50?→是,框架抗震等级按框架结构定;若为多层结构,可按框架结构定义抗震等级和计算,抗震墙作为次要抗侧力,其抗震等级可降一级

计算步骤	步骤目标	建模或计算条件	控制条件及处理
(3)计算二（一次或多次）	判定整体结构的合理性(平面和竖向规则性控制)	(1)地震方向角 $\theta_0=0,\theta_m$; (2)单(双)向地震; (3)(不)考虑偶然偏心; (4)强制全楼刚性楼板; (5)按侧刚分析; (6)按计算一的结果确定结构类型和抗震等级	(1)周期比控制: $T_t/T_1\leqslant 0.9(0.85)$？→否,修改结构布置,强化外围,削弱中间; (2)层位移比控制: $[\Delta U_m/\Delta U_a,U_m/U_a]\leqslant 1.2$→否,按双向地震重算; (3)侧向刚度比控制:要求见《高规》3.5.2 节,不满足时程序自动定义为薄弱层; (4)层受剪承载力控制: $Q_i/Q_{i+1}<0.65(0.75)$？→否,修改结构布置,$0.65(0.75)\leqslant Q_i/Q_{i+1}<0.8$？→否,强制指定为薄弱层(注:括号中数据为 B 级高层); (5)整体稳定控制:刚重比$\geqslant 10$(框架); (6)最小地震剪力控制:剪重比$\geqslant 0.2\alpha_{max}$？→否,增加振型数或加大地震剪力系数; (7)层位移控制: $\Delta U_{ei}/h_i\leqslant 1/550$(框架)、$1/800$(框剪)、$1/1000$(其他)、$\Delta U_{pi}/h_i\leqslant 1/50$(框架)、$1/100$(框剪)、$1/120$(剪力墙、筒中筒); (8)偶然偏心是客观存在的,对地震作用有影响,层间位移角只需考虑结构自身的扭转耦联,不考虑偶然偏心与双向地震作用,双向地震作用本质是对抗侧力构件承载力的一种放大,属于承载能力计算范畴,不涉及对结构扭转控制和对结构抗侧刚度大小的判别(位移比、周期比),当结构不规则时,选择双向地震作用放大地震力,影响配筋; (9)位移比、周期比
(4)计算三（一次或多次）	构件优化设计(构件超筋超限控制)	(1)按计算一、计算二确定的模型和参数; (2)取消全楼强制刚性板,定义需要的弹性板; (3)按总刚分析; (4)对特殊构件人工指定	(1)构件构造最小断面控制和截面抗剪承载力验算; (2)构件斜截面承载力验算(剪压比控制); (3)构件正截面承载力验算; (4)构件最大配筋率控制; (5)纯弯和偏心构件受压区高度限制; (6)竖向构件轴压比控制; (7)剪力墙的局部稳定控制; (8)梁柱节点核心区抗剪承载力验算
(5)绘制施工图	结构构造	抗震构造措施	(1)钢筋最大、最小直径限制; (2)钢筋最大、最小间距要求; (3)最小配筋、配箍率要求; (4)重要部位的加强和明显不合理部分局部调整

5.6　模型如何分析及调整?

答：点击"设计结果-文本结果"（图 5-37），即可查看常见的 8 个指标是否满足规范要求。

图 5-37　计算结果菜单

5.6.1　剪重比

剪重比即最小地震剪力系数 λ，主要是控制各楼层最小地震剪力，尤其是对于基本周期大于 3.5s 的结构，以及存在薄弱层的结构。

剪重比的本质是地震影响系数与振型参与系数。对于普通的多层结构，一般均能满足最小剪重比要求，对于高层结构，当结构自振周期在 0.1s 至特征周期 T_g 之间时，地震影响系数不变。廖耘、柏生、李盛勇在《剪重比的本质关系推导及其对长周期超高层建筑的影响》一文中做了相关阐述：对剪重比影响最大的是振型参与系数，该系数与建筑体型分布、各层用途有关，与该振型各质点的相对位移及相对质量有关。当结构总重量恒定时，振型相对位移较大处的重量越大，则该振型的振型参与质量系数越大，但对抗震不利。保持质量分布不变的前提下，直接减小结构总质量可以加大计算剪重比，但这很困难。在保持质量不变的前提下，直接加大结构刚度也可以加大计算剪重比，但可能要付出较大的代价。

在实际设计中，对于普通的高层结构，如果底部某些楼层剪重比偏小，改变结构层高的可能性一般不大，一般是增加结构整体刚度（往往增加结构外围墙长，更有利于抗扭、位移比及周期比的调整），同时减少结构内边的墙（减轻结构自重的同时，更有利于位移比、周期比的调整）。提高振型参与系数的最好办法还是增加结构整体刚度。考虑到反应谱长周期段本身的一些缺陷，保证长周期超高层建筑具有足够的抗震承载力和刚度储备是必要的。可不必强求计算剪重比，而应考虑采用放大剪重比并通过修改反应谱曲线的方法来使结构达到一定的设计剪重比，或采用更严格的位移限值来控制结构变形。

（1）规范规定

《抗规》5.2.5　抗震验算时，结构任一楼层的水平地震剪力应符合下式要求：

$$V_{EKi} > \lambda \sum_{j=i}^{n} G_j \qquad (5.2.5)$$

式中　V_{EKi}——第 i 层对应于水平地震作用标准值的楼层剪力；

λ——剪力系数，不应小于表 5.2.5 规定的楼层最小地震剪力系数值，对竖向不规则
　　结构的薄弱层，尚应乘以 1.15 的增大系数；

G_j——第 j 层的重力荷载代表值。

表 5.2.5　楼层最小地震剪力系数值

类别	6 度	7 度	8 度	9 度
扭转效应明显或基本周期小于 3.5s 的结构	0.008	0.016(0.024)	0.032(0.048)	0.064
基本周期大于 5.0s 的结构	0.006	0.012(0.018)	0.024(0.036)	0.048

注：1　基本周期介于 3.5s 和 5s 之间的结构，按插入法取值；
　　2. 括号内数值分别用于设计基本地震加速度为 0.15g 和 0.30g 的地区。

（2）计算结果查看

"文本结果" → "周期 振型与地震作用（wzq.out）"，最终查看结果如图 5-38 所示。

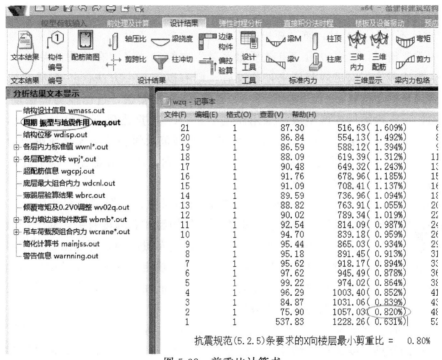

图 5-38　剪重比计算书

注：地下室剪重比计算结果可以不查看，X 向、Y 向的剪重比均满足规范要求。

（3）剪重比不满足规范规定时的调整方法

① 程序调整：在 SATWE 的"调整信息"中勾选"按抗震规范 5.2.5 调整各楼层地震
内力"后，SATWE 按《抗规》5.2.5 自动将楼层最小地震剪力系数直接乘以该层及以上重
力荷载代表值之和，用以调整该楼层地震剪力，以满足剪重比要求。

调整信息中提供了强、弱轴方向动位移比例，当剪重比满足规范要求时，可不对此参数
进行设置。若不满足就分别用 0，0.5，1.0 这几个规范指定的调整系数来调整剪重比。如果
平动周期＜特征周期，处于加速度控制段，则各层的剪力放大系数相同，此时动位移比例填
0；如果特征周期≤平动周期≤5 倍特征周期，处于速度控制段，此时动位移比例可填 0.5；
如果平动周期＞5 倍特征周期，处于位移控制段，此时动位移比例可填 1。

注：弱轴指结构长周期方向，强轴指短周期方向，分别给定强、弱轴两个系数，方便对两个方向采用有可能不同的调整方式，对于多塔的情况，比较复杂，只能通过自定义调整系数的方式来进行剪重比调整。

② 人工调整：如果需人工干预，可按下列三种情况进行调整：

a. 当地震剪力偏小而层间侧移角偏大时，说明结构过柔，宜适当加大墙、柱截面，提高刚度；

b. 当地震剪力偏大而层间侧移角偏小时，说明结构过刚，宜适当减小墙、柱截面，降低刚度以取得合适的经济技术指标；

c. 当地震剪力偏小而层间侧移角恰当时，可在 SATWE 的"调整信息"中的"全楼地震作用放大系数"中输入大于 1 的系数增大地震作用，以满足剪重比要求。

（4）设计时要注意的一些问题

① 对高层建筑而言，结构剪重比一般底层最小，顶层最大，故实际工程中，结构剪重比一般由底层控制。

② 剪重比不满足要求时，首先要检查有效质量系数是否达到 90%。剪重比是反映地震作用大小的重要指标，它可以由"有效质量系数"来控制，当"有效质量系数"大于 90%时，可以认为地震作用满足规范要求，若没有，则有以下几个方法：a. 查看结构空间振型简图，找到局部振动位置，调整结构布置或采用强制刚性楼板，过滤掉局部振动；b. 由于有局部振动，可以增加计算振型数，采用总刚分析；c. 剪重比仍不满足时，对于需调整楼层层数较少（不超过楼层总数的 15%），且剪重比与规范限值相差不大（地震剪力调整系数不大于 1.17）时，可以通过选择软件的相关参数来达到目的。剪重比不满足规范要求，还应检查周期折减系数是否取值正确。

③ 控制剪重比的根本原因在于建筑物周期很长的时候，由振型分解法所计算出的地震效应会偏小。剪重比与抗震设防烈度、场地类别、结构型式和高度有关，对于一般多、高层建筑，最小的剪重比往往容易满足，高层建筑由于结构布置原因，可能出现底部剪重比偏小的情况，在满足规范规定时，没必要刻意去提高，规范规定剪重比主要是增加结构的安全储备。地下室楼层，无论地下室顶板是否作为上部结构的嵌固部位，均不需要满足规范的地震剪力系数要求。非结构意义上的地下室除外。

④ 4%左右的剪重比对多层框架结构应该是合理的。结构体系对剪重比的计算数值影响较大，矮胖型的钢筋混凝土框架结构一般剪重比比较大，体型纤细的长周期高层建筑一般剪重比会比较小。

⑤ 周期比调整的过程中，减法很重要，剪重比调整的过程中，也可以采用这种方法。

5.6.2 周期比

（1）规范规定

《高规》3.4.5 （略）结构扭转为主的第一自振周期 T_t 与平动为主的第一自振周期 T_1 之比，A 级高度高层建筑不应大于 0.9，B 级高度高层建筑、超过 A 级高度的混合结构及本规程第 10 章所指的复杂高层建筑不应大于 0.85。

（2）计算结果查看

"文本结果"→"周期 振型与地震作用（wzq.out）"，最终查看结果如图 5-39 所示。

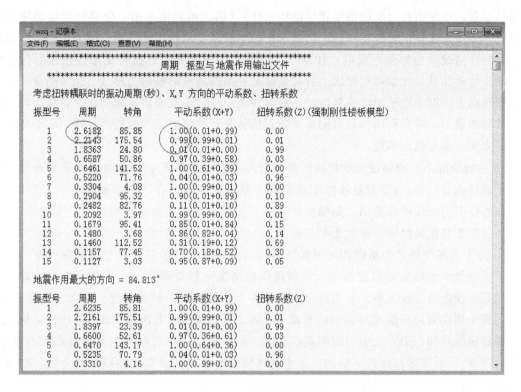

图 5-39　周期数据计算书

注：周期比为 $2.21/2.61 = 0.847 < 0.9$，满足规范要求。前三周期为平扭，且平动系数与扭转系数均大于 0.8。

（3）周期比不满足规范规定时的调整方法

① 程序调整：SATWE 程序不能实现。

② 人工调整：人工调整改变结构布置，提高结构的扭转刚度。总的调整原则是加强结构外围墙、柱或梁的刚度（减小第一扭转周期），适当削弱结构中间墙、柱的刚度（增大第一平动周期）。周边布置要均匀、对称、连续，有较大凹凸的部位加拉梁等（减小变形）。

③ 当不满足周期比时，若层位移角控制潜力较大，宜减小结构内部竖向构件刚度，增大平动周期；当不满足周期比，且层位移角控制潜力不大时，应检查是否存在扭转刚度特别小的楼层，若存在则应加强该楼层（构件）的抗扭刚度；当周期比不满足规范要求且层位移角控制潜力不大、各层抗扭刚度无突变时，则应加大整个结构的抗扭刚度。

（4）设计时要注意的一些问题

① 控制周期比主要是为了控制当相邻两个振型比较接近时，由于振动耦联，结构的扭转效应增大。周期比不满足要求时，一般只能通过调整平面布置来改善，这种改变一般是整体性的，局部小的调整往往收效甚微。周期比不满足要求，说明结构的扭转刚度相对于侧移刚度较小，调整原则是加强结构外部，或者虚弱内部，往往起到事半功倍的效果。

② 周期比是控制侧向刚度与扭转刚度之间的一种相对关系，而非其绝对大小，它的目的是使抗侧力构件的平面布置更有效、更合理，使结构不至于出现过大的扭转效应，控制周期比不是要求结构足够结实，而是要求结构承载布局合理。多层结构一般不要求控制周期比，但位移比和刚度比要控制，避免平面和竖向不规则，以及进行薄弱层验算。位移比本质

是扭转变形，傅学怡在《实用高层建筑结构设计》（第二版）中指出：位移比指标是扭转变形指标，而周期比是扭转刚度指标。但周期比的本质其实也是扭转变形，因为扭转刚度指标在某些特殊情况（比如偏心荷载）作用下，也会产生扭转变形。扭转变形也是相对扭转变形，对于复杂建筑，比如蝶形建筑，有时候蝶形一侧四周应加长墙去形成"稳"的盒子，多个盒子稳固了，则无论平面度多复杂，一般只要较小的代价就能满足周期比、位移比，否则不形成稳的盒子，需要利用到相对刚度与相对扭转变形的概念，平面的不规则，质心与刚心偏心距太大，模型很难调过。

③ 一般情况下，周期最长的扭转振型对应第一扭转周期 T_t，周期最长的平动振型对应第一平动周期 T_1，但也要查看该振型基底剪力是否比较大，在"结构整体空间振动简图"中，是否能引起结构整体振动，局部振动周期不能作为第一周期。当扭转系数大于 0.5 时，可认为该振型是扭转振型，反之为平动振型。

④ 对于由某个特定的地震作用引起的结构反应而言，一般每个参与振型都有着一定的贡献，贡献最大的振型就是主振型；贡献指标的确定一般有两个，一是基底剪力的贡献大小，二是应变能的贡献大小。基底剪力的贡献大小比较直观，容易接受。结构动力学认为，结构的第一周期对应的振型所需的能量最小，第二周期所需要的能量次之，依次往后推，而由反应谱曲线可知，第一振型引起的基底反力一般来说都比第二振型引起的基底反力要小，因为过了 T_g，反应谱曲线是下降的。无论是结构动力学还是反应谱曲线分析方法，都是花最小的"代价"激活第一周期。

多层结构宜满足周期比，但《高规》中不是限值；满足有困难时，可以不满足，但第一振型不能出现扭转。高层结构应满足周期比，在一定的条件下，也可以突破规范的限值。当层间位移角不大于规范限值的 40%、位移角小于 1.2 时，其限值可以适当放松，但不应超过 0.95。平动成分超过 80% 就是比较纯粹的平动。

⑤ 周期比其实是小震不坏、大震不倒的一个抗震措施。对于小震可以按弹性计算，对于大震无法按弹性计算，通常只有通过这些措施来控制结构的大震不倒。小震时如果位移比过大，并且扭转周期比过大，在大震的时候就容易出现边跨构件因位移过大而被破坏；风荷载的计算机理则完全是另外一种方法，是实实在在的荷载，按弹性状态来进行设计。周期比是抗震的控制措施，非抗震时可不用控制。

⑥ 对于位移比和周期比等控制应尽量遵循事实，而不是一味要求"采用刚性板假定"。不用刚性板假定，实际周期可能由于局部振动或构件比较弱，周期可能较长，周期比也没有意义，但不代表有意义的比值就是真实周期体现。在设计时，可以采用弹性板计算结构的周期，但要区分哪些是局部振动或较弱构件的周期，因为其意义不大。当然也可以采用刚性楼板假定去过滤掉那些局部振动或较弱构件的周期，前提条件是结构楼板的假定符合刚性楼板假定，当不符合时，应采用一定的构造措施使其符合。

5.6.3 位移比

（1）规范规定

《高规》3.4.5 结构平面布置应减少扭转的影响。在考虑偶然偏心影响的规定水平地震力作用下，楼层竖向构件最大的水平位移和层间位移，A级高度高层建筑不宜大于该楼层平均值的 1.2 倍，不应大于该楼层平均值的 1.5 倍；B 级高度高层建筑、超过 A 级高度的混合结构及本规程第 10 章所指的复杂高层建筑不宜大于该楼层平均值的 1.2 倍，不应大于该楼层平均值的 1.4 倍。

注：当楼层的最大层间位移角不大于本规程第 3.7.3 条规定的限值的 40%时，该楼层竖向构件的最大水平位移和层间位移与该楼层平均值的比值可适当放松，但不应大于 1.6。

（2）计算结果查看

“文本结果”→“结构位移（wdisp. out）”，最终查看结果如图 5-40 所示，位移比小于 1.4，满足规范要求。

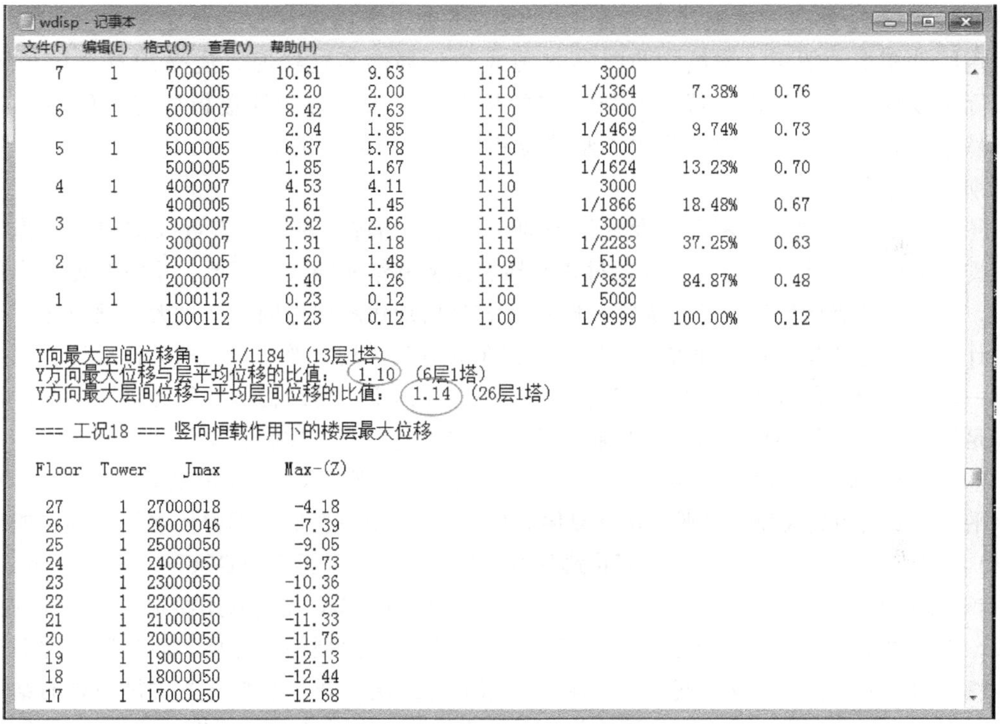

```
wdisp - 记事本
文件(F) 编辑(E) 格式(O) 查看(V) 帮助(H)
   7     1     7000005     10.61     9.63     1.10     3000
               7000005      2.20     2.00     1.10     1/1364     7.38%    0.76
   6     1     6000007      8.42     7.63     1.10     3000
               6000005      2.04     1.85     1.10     1/1469     9.74%    0.73
   5     1     5000005      6.37     5.78     1.10     3000
               5000005      1.85     1.67     1.11     1/1624    13.23%    0.70
   4     1     4000007      4.53     4.11     1.10     3000
               4000005      1.61     1.45     1.11     1/1866    18.48%    0.67
   3     1     3000007      2.92     2.66     1.10     3000
               3000007      1.31     1.18     1.11     1/2283    37.25%    0.63
   2     1     2000005      1.60     1.48     1.09     5100
               2000007      1.40     1.26     1.11     1/3632    84.87%    0.48
   1     1     1000112      0.23     0.12     1.00     5000
               1000112      0.23     0.12     1.00     1/9999   100.00%    0.12

 Y向最大层间位移角：    1/1184  (13层1塔)
 Y方向最大位移与层平均位移的比值：  1.10  (6层1塔)
 Y方向最大层间位移与平均层间位移的比值：  1.14  (26层1塔)

 === 工况18 === 竖向恒载作用下的楼层最大位移

 Floor  Tower    Jmax       Max-(Z)

  27      1   27000018      -4.18
  26      1   26000046      -7.39
  25      1   25000050      -9.05
  24      1   24000050      -9.73
  23      1   23000050     -10.36
  22      1   22000050     -10.92
  21      1   21000050     -11.33
  20      1   20000050     -11.76
  19      1   19000050     -12.13
  18      1   18000050     -12.44
  17      1   17000050     -12.68
```

图 5-40　位移比和位移角计算书

（3）位移比不满足规范规定时的调整方法

① 程序调整：SATWE 程序不能实现。

② 人工调整：改变结构平面布置，加强结构外围抗侧力构件的刚度，减小结构质心与刚心的偏心距。

（4）设计时要注意的一些问题

① 位移比即楼层竖向构件的最大水平位移与平均水平位移的比值，层间位移比即楼层竖向构件的最大层间位移角与平均层间位移角的比值；最大位移 Δu 以楼层最大的水平位移差计算，不扣除整体弯曲变形。位移比是考查结构扭转效应、限制结构实际扭转的量值。扭转所产生的转矩，以剪应力的形式存在，一般构件的破坏准则通常是由剪切决定的，所以扭转比平动危害更大。

② 刚心、质心的偏心大小并不是扭转参数是否能调合理的主要因素。判断结构扭转参数的主要因素不是刚心、质心是否重合，而是由结构抗扭刚度和因刚心、质心偏心产生的扭转效应的比值来决定的。换而言之，就是虽然刚心、质心偏心比较大，但结构的抗扭刚度更大，足以抵抗刚心、质心偏心产生的扭转效应。所以调整结构的扭转参数的重点不是非要把刚心和质心调整至完全重合（实际工程中这种可能性是比较小的），而是调整结构抗扭刚度和因刚心、质心偏心产生的扭转效应的比值，同时兼顾调整刚心和质心的偏心。

③ 验算位移比时一般应选择"强制刚性楼板假定"，但目的是为了有一个量化参考标准，而不是这样的概念才是正确的，软件设置需要一个包络设计，能包括大部分结构工程，而且符合规范要求。做设计时，应尽量遵循实事求是的原则，而不是一味要求"采用刚性板假定"，对于有转换层等复杂高层建筑，由于采用刚性楼板假定可能会失真，不宜采用刚性楼板的假定。当结构凸凹不规则或楼板局部不连续时，应采用符合楼板平面内实际刚度变化的计算模型或者采取一定的构造措施来符合刚性楼板假定。位移比应考虑偶然偏心，不考虑双向地震作用。验算位移比之前，周期需要按 WZQ 重新输入，并考虑周期折减系数。

④ 位移比其实是小震不坏、大震不倒的一个抗震措施。对于小震可以按弹性计算，对于大震无法按弹性计算，通常只有通过这些措施来控制结构的大震不倒。小震时如果位移比过大，并且扭转周期比过大，在大震的时候就容易出现边跨构件因位移过大而被破坏；风荷载的计算机理完全是另外一种方法，是实实在在的荷载，是按弹性状态来进行设计的，位移比（一般不用管风荷载作用下的位移比）大也可能算出来边跨结构构件的力就大，构件相应应满足计算要求。位移比是抗震的控制措施，非抗震时可不用控制。

⑤《抗规》3.4.3 条和《高规》3.4.5 条对"扭转不规则"采用"规定水平力"定义，在规定水平力下楼层的最大弹性水平位移（或层间位移），大于该楼层两端弹性水平位移（或层间位移）平均值的 1.2 倍。根据 2010 版抗震规范，楼层位移比不再采用 CQC（complete quadratic combination）法直接得到的节点最大位移与平均位移比值计算，而是采用给定水平力下的位移比计算。CQC 即完全二次项组合方法，其不光考虑到各个主振型的平方项，而且还考虑到耦合项，将结构各个振型的响应在概率的基础上采用完全二次方开方的组合方式得到总的结构响应，每一点都是最大值，可能出现两端位移大、中间位移小的现象，所以 CQC 方法计算的结构位移比可能偏小，有时不能真实地反映结构的扭转不规则。

⑥ 两端（X 向或 Y 向）刚度接近（均匀）或外部刚度相对于内部刚度合理位移比才小，在实际设计中，位移比可不超过 1.4 并且允许两个不规则，对于住宅来说，位移比控制在 1.2 以内一般难度较大，3 个或 3 个以上不规则，就要做超限审查。由于规范控制的位移比是基于弹性位移，位移比的定义初衷主要是避免因刚心和质量中心不在一个点上引起的扭转效应，而风荷载与地震作用都能引起扭转效应，所以风荷载作用下的位移比也应该考虑，沿海项目经常会遇到风荷载作用下位移比较大的情况。

当位移比超限时，可以在 SATWE 找到位移大的节点位置，通过增加墙长（建筑允许），加局部剪力墙、柱截面（建筑允许）或加梁高（建筑允许）减小该节点的位移，此时还应加大与该节点相对一侧墙、柱的位移（减小墙长、柱截面及梁高）。当位移比超限时，可以根据位移比的大小调整加墙长的模数，一般墙身模数至少 200mm，翼缘 100mm；如果位移比超限值不大，按以上模数调整模型计算分析即可，如果位移比超出限值很大，可以按更大的模数，比如 500~1000mm 选取；还可以先按建筑给定的最大限值取，再一步一步减小墙长。应特别注意的是，布置剪力墙时尽量遵循以下原则：外围、均匀、双向、适度、集中、数量尽可能少。

5.6.4　弹性层间位移角

（1）规范规定

《高规》**3.7.3**　按弹性方法计算的风荷载或多遇地震标准值作用下的楼层层间最大水平位移与层高之比 $\Delta u/h$ 宜符合下列规定：

1　高度不大于 150m 的高层建筑，其楼层层间最大位移与层高之比 $\Delta u/h$ 不宜大于表 3.7.3 的限值。

表 3.7.3　楼层层间最大位移与层高之比的限值

结构体系	$\Delta u/h$ 限值
框架	1/550
框架-剪力墙、框架-核心筒、板柱-剪力墙	1/800
筒中筒、剪力墙	1/1000
除框架结构外的转换层	1/1000

（2）计算结果查看

"楼层结果" → "风位移角，地震位移角"，可查看计算结果，如图 5-41 所示，满足规范 1/1000 的要求。

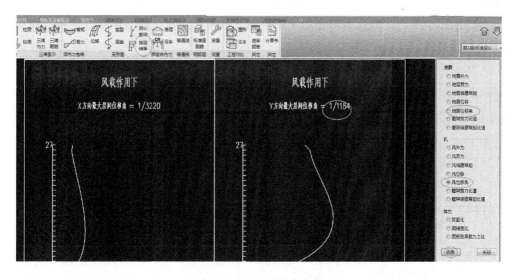

图 5-41　最大层间位移角

（3）弹性层间位移角不满足规范规定时的调整方法

弹性层间位移角不满足规范要求时，位移比、周期比等也可能不满足规范要求，可以加强结构外围墙、柱或梁的刚度，同时减弱结构内部墙、柱或梁的刚度或直接加大侧向刚度很小的构件的刚度。

（4）设计时要注意的一些问题

① 限制弹性层间位移角的目的有两点，一是保证主体结构基本处于弹性受力状态，避免混凝土墙柱出现裂缝，控制楼面梁板的裂缝数量、宽度；二是保证填充墙、隔墙、幕墙等非结构构件的完好，避免产生明显的损坏。

② 当结构扭转变形过大时，弹性层间位移角一般也不满足规范要求，可以通过提高结构的抗扭刚度减小弹性层间位移角。

③ 高层剪力墙结构弹性层间位移角一般控制在 1/1100 左右（10％的余量），不必刻意追求此指标，关键是结构布置要合理。

④ "弹性层间位移角"计算时只需考虑结构自身的扭转耦联，不考虑偶然偏心与双向地震作用，《高规》并没有强制规定层间位移角一定要是刚性板假定下的，但是对于一般的结构采用现浇钢筋混凝土楼板和有现浇面层的预制装配式楼板，在无削弱的情况下，均可视为无限刚性板，弹性板与刚性板计算弹性层间位移角对于大多数工程差别不大（弹性板计算时稍微偏保守），选择刚性板进行计算，首先理论上有所保证，其次计算速度快，最后经过大量工程检验。弹性方法计算与采用弹性板假定进行计算完全不是一个概念，弹性方法就是构件按弹性阶段刚度，不考虑塑性变形，其得到的位移也就是弹性阶段的位移。

5.6.5 轴压比

（1）基本概念

柱轴压比：柱组合的轴压力设计值与柱的全截面面积和混凝土轴心抗压强度设计值乘积的比值。

墙肢轴压比：重力荷载代表值作用下墙肢承受的轴压力设计值与墙肢的全截面面积和混凝土轴心抗压强度设计值乘积的比值。

（2）规范规定

《抗规》6.3.6 柱轴压比不宜超过表 6.3.6 的规定；建造于Ⅳ类场地且较高的高层建筑，柱轴压比限值应适当减小。

表 6.3.6 柱轴压比限值

结构类型	抗震等级			
	一	二	三	四
框架结构	0.65	0.75	0.85	0.90
框架-抗震墙,板柱-抗震墙、框架-核心筒及筒中筒	0.75	0.85	0.90	0.95
部分框支抗震墙	0.6	0.7	—	

注：1 轴压比指柱组合的轴压力设计值与柱的全截面面积和混凝土轴心抗压强度设计值乘积之比值；对本规范规定不进行地震作用计算的结构，可取无地震作用组合的轴力设计值计算；

2　表内限值适用于剪跨比大于 2、混凝土强度等级不高于 C60 的柱；剪跨比不大于 2 的柱，轴压比限值应降低 0.05；剪跨比小于 1.5 的柱，轴压比限值应专门研究并采取特殊构造措施；

3　沿柱全高采用井字复合箍且箍筋肢距不大于 200mm、间距不大于 100mm、直径不小于 12mm，或沿柱全高采用复合螺旋箍、螺旋间距不大于 100mm、箍筋肢距不大于 200mm、直径不小于 12mm，或沿柱全高采用连续复合矩形螺旋箍、螺旋净距不大于 80mm、箍筋肢距不大于 200mm、直径不小于 10mm，轴压比限值均可增加 0.10；上述三种箍筋的最小配箍特征值均应按增大的轴压比由本规范表 6.3.9 确定；

4　在柱的截面中部附加芯柱，其中另加的纵向钢筋的总面积不少于柱截面面积的 0.8%，轴压比限值可增加 0.05；此项措施与注 3 的措施共同采用时，轴压比限值可增加 0.15，但箍筋的体积配箍率仍可按轴压比增加 0.10 的要求确定；

5　柱轴压比不应大于 1.05。

《高规》7.2.13　重力荷载代表值作用下，一、二、三级剪力墙墙肢的轴压比不宜超过表 7.2.13 的限值。

表 7.2.13　剪力墙墙肢轴压比限值

抗震等级	一级（9 度）	一级（6、7、8 度）	二、三级
轴压比限值	0.4	0.5	0.6

注：墙肢轴压比是指重力荷载代表值作用下墙肢承受的轴压力设计值与墙肢的全截面面积和混凝土轴心抗压强度设计值乘积之比值。

（3）计算结果查看

点击"柱、墙轴压比"，最终查看结果如图 5-42 所示。

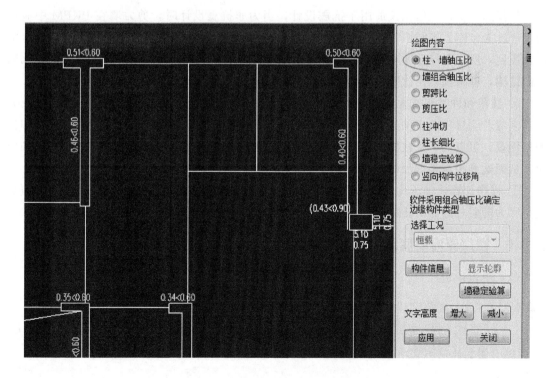

图 5-42　柱、墙轴压比计算结果

注：满足规范要求。也可以点击"墙稳定验算"，验算墙肢的整体稳定性及单肢墙的稳定性。轴压比及稳定性不满足规范要求时，在配筋信息里面，会显示红色。

（4）轴压比不满足规范规定时的调整方法

① 程序调整：程序不能实现。

② 人工调整：增大该墙、柱截面或提高该楼层墙、柱混凝土强度等级，箍筋加密等。

（5）设计时要注意的一些问题

① 抗震等级越高的建筑结构或构件，其延性要求也越高，对轴压比的限制也越严格，比如框支柱、一字形剪力墙等。抗震等级低或非抗震时可适当放松对轴压比的限制，但任何情况下不得小于 1.05。

② 通常验算底截面墙柱的轴压比，当截面尺寸或混凝土强度等级变化时，还应验算该位置的轴压比。试验证明，混凝土强度等级、箍筋配置的形式与数量均与柱的轴压比有密切的关系，因此，规范针对不同的情况，对柱的轴压比限值做了适当的调整。

③ 柱轴压比的计算在《高规》和《抗规》中的规定并不完全一样，《抗规》第 6.3.6 条规定，计算轴压比的柱轴力设计值既包括地震组合，也包括非地震组合；而《高规》第 6.4.2 条规定，计算轴压比的柱轴力设计值仅考虑地震作用组合下的柱轴力。软件在计算柱轴压比时，当工程考虑地震作用，程序仅取地震作用组合下的柱轴力设计值计算，而对于非地震组合产生的轴力设计值则不予考虑；当该工程不考虑地震作用时，程序才取非地震作用组合下的柱轴力设计值计算，这也是在设计过程中有时会发现程序计算轴压比的轴力设计值不是最大轴力的主要原因。

从概念上讲，轴压比仅适用于抗震设计，当为非抗震设计时，剪力墙在 PKPM 中显示的轴压比为"0"。当结构恒载或活载比较大时，地震组合下轴压比有可能小于非抗震组合下的轴压比，所以在设计时，对于地震组合内力不起控制作用时，特别是那些恒载或活载比较大的结构，框架柱轴压比要留有余地。

④ 柱截面种类不宜太多是设计中的一个原则，在柱网疏密不均的建筑中，某根柱或为数不多的若干根柱由于轴力大而需要较大截面，如果将所有柱截面放大以求统一，会增加柱的用钢量，可以对个别柱的配筋采用加芯柱、加大配箍率甚至加大主筋配筋率以提高其轴压比，从而达到控制其截面的目的。

⑤ 程序计算柱轴压比时，有时候数字按规范要求并没有超限，但是程序也显示红色，这是因为随着柱的剪跨比的降低，轴压比限值也要降低。

5.6.6　楼层侧向刚度比

（1）规范规定

《高规》3.5.2　抗震设计时，高层建筑相邻楼层的侧向刚度变化应符合下列规定：

1　对框架结构，楼层与其相邻上层的侧向刚度比 γ_1 可按式（3.5.2-1）计算，且本层与相邻上层的比值不宜小于 0.7，与相邻上部三层刚度平均值的比值不宜小于 0.8。

$$\gamma_1 = \frac{V_i \Delta_{i+1}}{V_{i+1} \Delta_i} \tag{3.5.2-1}$$

式中　γ_1——楼层侧向刚度比；

V_i，V_{i+1}——第 i 层和第 $i+1$ 层的地震剪力标准值，kN；

Δ_i，Δ_{i+1}——第 i 层和第 $i+1$ 层在地震作用标准值作用下的层间位移，m。

2 对框架-剪力墙、板柱-剪力墙结构、剪力墙结构、框架-核心筒结构、筒中筒结构、楼层与其相邻上层的侧向刚度比 γ_2 可按式（3.5.2-2）计算，且本层与相邻上层的比值不宜小于 0.9；当本层层高大于相邻上层层高的 1.5 倍时，该比值不宜小于 1.1；对结构底部嵌固层，该比值不宜小于 1.5。

$$\gamma_2=\frac{V_i\Delta_{i+1}}{V_{i+1}\Delta_i}\frac{h_i}{h_{i+1}} \tag{3.5.2-2}$$

式中　γ_2——考虑层高修正的楼层侧向刚度比。

《高规》5.3.7　高层建筑结构整体计算中，当地下室顶板作为上部结构嵌固部位时，地下一层与首层侧向刚度比不宜小于 2。

《高规》10.2.3　转换层上部结构与下部结构的侧向刚度变化应符合本规程附录 E 的规定。

当转换层设置在 1、2 层时，可近似采用转换层与其相邻上层结构的等效剪切刚度比 γ_{e1} 表示转换层上、下层结构刚度的变化，γ_{e1} 宜接近 1，非抗震设计时 γ_{e1} 不应小于 0.4，抗震设计时 γ_{e1} 不应小于 0.5。γ_{e1} 可按下列公式计算：

$$\gamma_{e1}=\frac{G_1A_1}{G_2A_2}\times\frac{h_2}{h_1} \tag{5-1}$$

$$A_i=A_{w,i}+\sum_j C_{i,j}A_{ci,j} \qquad (i=1,2) \tag{5-2}$$

$$C_{i,j}=2.5\left(\frac{h_{ci,j}}{h_i}\right)^2 \qquad (i=1,2) \tag{5-3}$$

式中　G_1，G_2——转换层和转换层上层的混凝土剪变模量；

A_1，A_2——转换层和转换层上层的折算抗剪截面面积；

$A_{w,i}$——第 i 层全部剪力墙在计算方向的有效截面面积（不包括翼缘面积）；

$A_{ci,j}$——第 i 层第 j 根柱的截面面积；

h_i——第 i 层的层高；

$h_{ci,j}$——第 i 层第 j 根柱沿计算方向的截面高度；

$C_{i,j}$——第 i 层第 j 根柱截面面积折算系数，当计算值大于 1 时取 1。

当转换层设置在第 2 层以上时，按式（5-2）计算的转换层与其相邻上层的侧向刚度比不应小于 0.6。

当转换层设置在第 2 层以上时，尚宜采用规范中的计算模型按式（5-7）计算转换层下部结构与上部结构的等效侧向刚度比 γ_{e2}。γ_{e2} 宜接近 1，非抗震设计时 γ_{e2} 不应小于 0.5，抗震设计时 γ_{e2} 不应小于 0.8。

$$\gamma_{e2}=\frac{\Delta_2 H_1}{\Delta_1 H_2} \tag{5-4}$$

（2）计算结果查看

"文本结果"→"结构设计信息（wmass.out）"，最终查看结果如图 5-43 所示。

（3）楼层侧向刚度比不满足规范规定时的调整方法

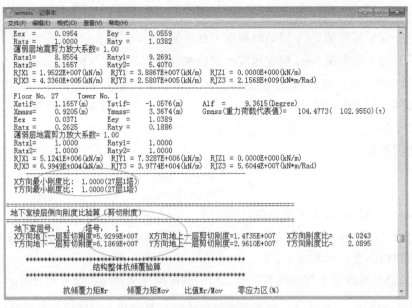

图 5-43　楼层侧向刚度比计算书

① 程序调整：如果某楼层刚度比的计算结果不满足要求，软件自动将该楼层定义为薄弱层，并按《高规》3.5.8 条将该楼层地震剪力放大 1.25 倍。

② 人工调整：如果还需人工干预，可适当降低本层层高和加强本层墙、柱或梁的刚度，适当提高上部相关楼层的层高或削弱上部相关楼层墙、柱或梁的刚度，减小相邻上层墙、柱的截面尺寸。

（4）设计时要注意的问题

结构楼层侧向刚度比要求在刚性楼板假定条件下计算，对于有弹性板或板厚为零的工程，应计算两次，先在刚性板假定条件下计算楼层侧向刚度比并找出薄弱层，再选择"总刚"完成结构的内力计算。

5.6.7　刚重比

（1）概念

结构的侧向刚度与重力荷载设计值之比称为刚重比。它是影响重力二阶效应的主要参数，且重力二阶效应随着结构刚重比的降低呈双曲线关系增加。高层建筑在风荷载或水平地震作用下，若重力二阶效应过大则会引起结构的失稳倒塌，所以要控制好结构的刚重比。

（2）规范规定

《高规》5.4.1　当高层建筑结构满足下列规定时，弹性计算分析时可不考虑重力二阶效应的不利影响。

1 剪力墙结构、框架-剪力墙结构、板柱剪力墙结构、筒体结构：

$$EJ_d \geqslant 2.7H^2 \sum_{i=1}^{n} G_i \tag{5.4.1-1}$$

2 框架结构：

$$D_i \geq 20 \sum_{j=i}^{n} G_j / h_i \qquad (i=1,2,\cdots,n) \qquad (5.4.1\text{-}2)$$

式中　EJ_d——结构一个主轴方向的弹性等效侧向刚度，可按倒三角形分布荷载作用下结构顶点位移相等的原则，将结构的侧向刚度折算为竖向悬臂受弯构件的等效侧向刚度；

　　　　H——房屋高度；

G_i，G_j——分别为第 i、j 楼层重力荷载设计值，取 1.2 倍的永久荷载标准值与 1.4 倍的楼面可变荷载标准值的组合值；

　　　　h_i——第 i 楼层层高；

　　　　D_i——第 i 楼层的弹性等效侧向刚度，可取该层剪力与层间位移的比值；

　　　　n——结构计算总层数。

《高规》**5.4.4**　高层建筑结构的整体稳定性应符合下列规定：

1 剪力墙结构、框架-剪力墙结构、筒体结构应符合下式要求：

$$EJ_d \geq 1.4 H^2 \sum_{i=1}^{n} G_i \qquad (5.4.4\text{-}1)$$

2 框架结构应符合下式要求：

$$D_i \geq 10 \sum_{j=i}^{n} G_j / h_i \qquad (i=1,2,\cdots,n) \qquad (5.4.4\text{-}2)$$

（3）计算结果查看

"文本结果"→"结构设计信息（wmass.out）"，最终查看结果如图 5-44 所示。

（4）刚重比不满足规范规定时的调整方法

① 程序调整：程序不能实现。

② 人工调整：调整结构布置，增大结构刚度，减小结构自重。

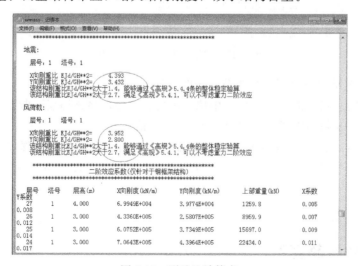

图 5-44　刚重比计算书

（5）设计时要注意的问题

高层建筑的高宽比满足限值时，一般可不进行稳定性验算，否则应进行。结构限制高宽比主要是为了满足结构的整体稳定性和抗倾覆，当超出规范中高宽比的限值时要对结构进行整体稳定和抗倾覆验算。

5.6.8 受剪承载力比

（1）规范规定

《高规》3.5.3 A级高度高层建筑的楼层抗侧力结构的层间受剪承载力不宜小于其相邻上一层受剪承载力的80%，不应小于其相邻上一层受剪承载力的65%；B级高度高层建筑的楼层抗侧力结构的层间受剪承载力不应小于其相邻上一层受剪承载力的75%。

注：楼层抗侧力结构的层间受剪承载力是指在所考虑的水平地震作用方向上，该层全部柱、剪力墙、斜撑的受剪承载力之和。

（2）计算结果查看

“文本结果”→“结构设计信息（wmass. out）”，最终查看结果如图5-45所示。

wmass - 记事本

文件(F) 编辑(E) 格式(O) 查看(V) 帮助(H)

楼层抗剪承载力验算

****

Ratio_X, Ratio_Y: 表示本层与上一层的承载力之比

层号	塔号	X向承载力	Y向承载力	Ratio_X	Ratio_Y
27	1	1.6715E+003	2.4699E+003	1.00	1.00
26	1	5.6027E+003	1.1798E+004	3.35	4.78
25	1	5.7849E+003	1.1543E+004	1.03	0.98
24	1	5.9255E+003	1.1640E+004	1.02	1.01
23	1	6.0497E+003	1.2080E+004	1.02	1.04
22	1	6.1803E+003	1.2323E+004	1.02	1.02
21	1	6.7032E+003	1.3418E+004	1.08	1.09
20	1	6.8317E+003	1.3660E+004	1.02	1.02
19	1	6.9597E+003	1.3903E+004	1.02	1.02
18	1	7.0797E+003	1.4143E+004	1.02	1.02
17	1	7.1988E+003	1.4383E+004	1.02	1.02
16	1	7.7247E+003	1.5485E+004	1.07	1.08
15	1	7.8402E+003	1.5723E+004	1.01	1.02
14	1	7.9176E+003	1.6113E+004	1.01	1.02
13	1	8.0204E+003	1.6314E+004	1.01	1.01
12	1	8.0998E+003	1.6478E+004	1.01	1.01
11	1	8.5861E+003	1.7511E+004	1.06	1.06
10	1	8.6547E+003	1.7657E+004	1.01	1.01
9	1	8.7201E+003	1.7748E+004	1.01	1.01
8	1	8.7815E+003	1.7839E+004	1.01	1.01
7	1	8.8340E+003	1.7926E+004	1.01	1.00
6	1	9.3037E+003	1.8855E+004	1.05	1.05
5	1	9.3516E+003	1.8752E+004	1.01	0.99
4	1	9.4176E+003	1.8357E+004	1.01	0.98
3	1	9.4992E+003	1.8377E+004	1.01	1.00
2	1	9.3171E+003	1.8243E+004	0.98	0.99
1	1	4.1397E+004	4.7310E+004	4.44	2.59

图5-45 楼层受剪承载力计算书

（3）层间受剪承载力比不满足规范规定时的调整方法

① 程序调整：“指定薄弱层个数”中填入该楼层层号，将该楼层强制定义为薄弱层，软件按《高规》3.5.8条将该楼层地震剪力放大1.25倍。

② 人工调整：适当提高本层构件强度（如增大配筋、提高混凝土强度或加大截面）以提高本层墙、柱等抗侧力构件的承载力，或适当降低上部相关楼层墙、柱等抗侧力构件的承载力。

5.7 如何解决超筋？

答： 超筋的种类比较多，常见的是抗弯超筋、剪扭超筋。对于常规的住宅，由于功能

要求的限制，剪扭超筋时，加大梁宽的可能性不大，常常加大梁高；抗弯超筋时，可以加大梁高。有时候也通过改变剪力墙的布置，加大墙长，让梁分担的荷载减小，减小梁的跨度等去解决超筋。最后还是解决不了的，就点铰接，或者人为地减小刚度系数（不宜小于 0.5），把部分内力分配给相邻的其他构件，去解决超筋的问题。

对于框架结构办公楼、高层框筒等公共建筑，常见的是抗弯超筋、剪扭超筋。剪扭超筋时，一般加大梁宽，也可以加大梁高；抗弯超筋时，可以加大梁高。有时候也通过改变次梁的布置去解决超筋。最后还是解决不了的，就点铰接，或者人为地减小刚度系数（不宜小于 0.5）去解决超筋的问题。

对于复杂高层建筑，结构布置造成的扭转变形大，或者梁两段竖向变形大、差值大，也会造成超筋，常见的办法是改变结构布置，让结构布置均匀。

5.8 超限小震弹性时程分析的软件操作过程是什么（以 YJK 为例）？

答：　YJK 超限小震弹性时程分析建模和反应谱分析相同，在屏幕的右上方点击"上部结构计算"→"弹性时程分析"→"计算参数"，如图 5-46～图 5-48 所示。

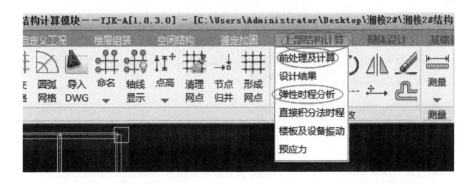

图 5-46　上部结构计算

图 5-47　弹性时程分析

注：按照实际项目填写相关参数，当填写地震烈度后，有些参数会自动联动修改；点击"添加地震波"，弹出对话框，如图 5-49 所示。在图 5-49 中点击"自动筛选符合规范要求地震波组合"，弹出对话框，如图 5-50 所示。

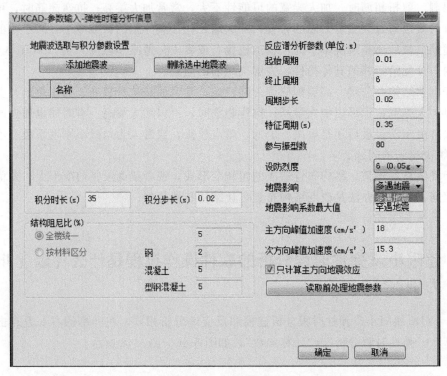

图 5-48　计算参数

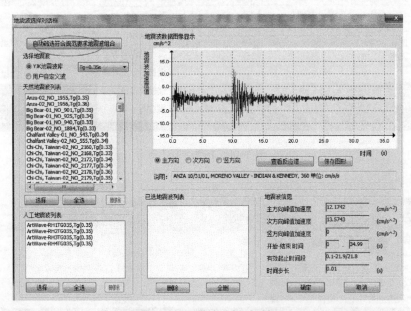

图 5-49　地震波选择对话框

注：① 在备选天然波中选择"全选"，在备选人工波中选择"全选"。

② 在地震波组合筛选限制条件中，一般勾选前2项。

③点击"筛选地震波组合"，程序就会自动筛选出符合条件的地震波组合。

④ 一般采用2条天然地震波和1条人工地震波；对于超高、大跨、体型复杂的建筑结

图 5-50　自动筛选地震波组合参数对话框

构，一般采用 5 条天然地震波和 2 条人工地震波。

⑤ 在大震时，《抗规》中的特征周期值，需要增加 0.05s，中、小震不需要增加。

⑥ 点击"确定"，即可进入"地震波选择对话框"，如图 5-51 所示。

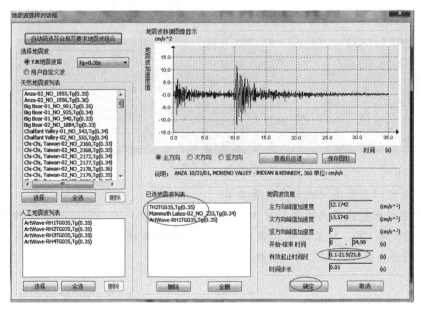

图 5-51　地震波选择对话框

注：① 可以查看画圈中的地震波有效持续时间来判断地震波是否满足基本要求。每组波形有效持续时间一般不少于结构基本周期的 5～10 倍和 15s，时间间距取 0.01s 或 0.02s，结构基本周期可以在 SATWE 计算结果的周期中查看。

② 点击"确定"，即可再次进入"计算参数"对话框，如图 5-52 所示。

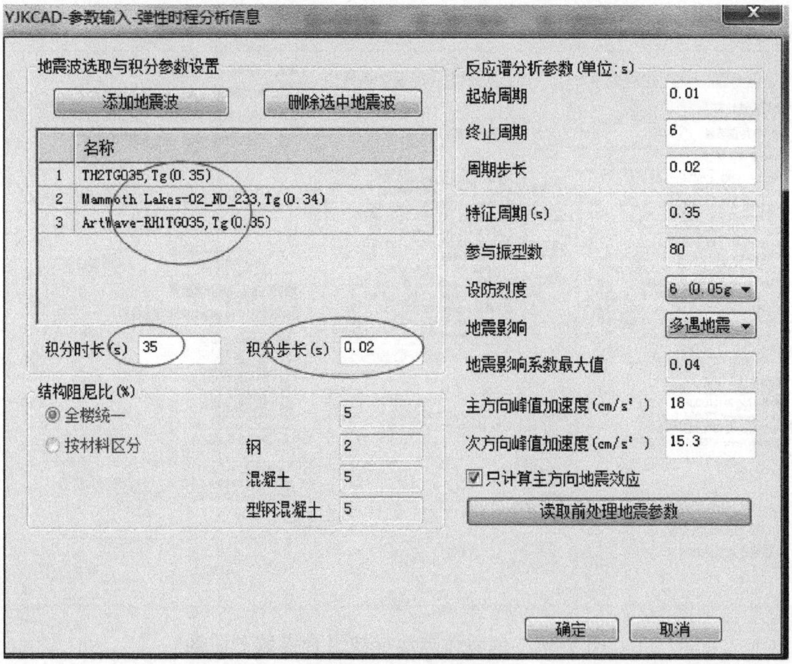

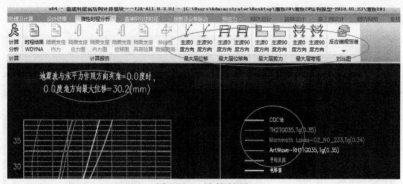

图 5-52 计算参数

点击"计算分析"，即完成了小震弹性时程分析的计算，可以查看结果，如图 5-53 所示。

图 5-53 计算结果

注：① 也可以查看图中的其他计算结果。

② 对于时程分析法得出的各层剪力、层间位移角，软件自动和已经进行的上部结构计算振型反应谱法的 CQC 结果进行比较，软件自动对比两种算法的层剪力、层间位移角比值，给出各层的和全楼的地震放大系数。

5.9 超限小震弹性时程分析的软件操作过程是什么（以 PKPM 为例）？

答： PKPM 超限小震弹性时程分析建模和反应谱分析相同，在屏幕的右上方点击"SATWE 分析设计"→"弹性时程分析"→"选波"，如图 5-54、图 5-55 所示。

点击"自动选波"，按照实际工程选择填写相关的参数，最后点击"应用选波结果"，如图 5-56 所示。

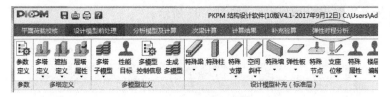

图 5-54　弹性时程分析

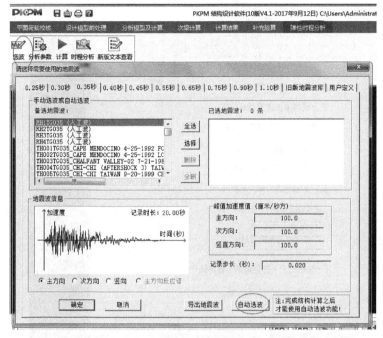

图 5-55　选波

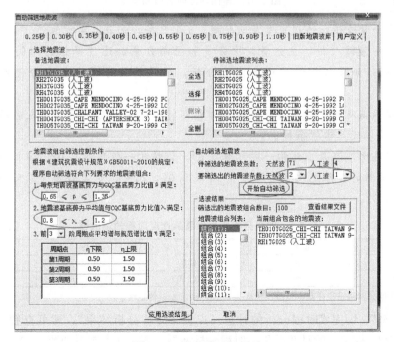

图 5-56　自动筛选地震波

点击 "分析参数"，弹出对话框，如图 5-57 所示。

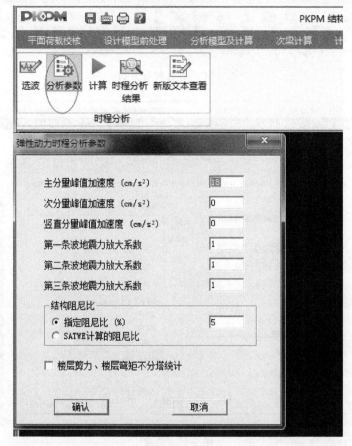

图 5-57　弹性动力时程分析参数

　　注：① 主分量峰值加速度可参考《抗规》5.1.2 条，如表 5-6 所示。

　　② 做三向地震波分析，主分量、次分量和竖向分量加速度峰值的比例通常可以取为
1：0.85：0.65；如果只想做单向地震波分析，只需将次分量和竖向分量的峰值设为 0
即可。

　　③ 当选波不满足基底剪力时，适当增加相邻特征周期的可选地震波或者放宽主次方向
地震峰值加速度以满足选波条件。

　　④ 对于阻尼比，混凝土结构一般可取 0.05，钢结构一般可取 0.02。当计算大震作用下
的弹塑性时程分析时，阻尼比可填写为 0.06 或 0.07，比中、小震作用下的时程分析阻尼比
增加 0.01 或 0.02。

表 5-6　时程分析所用地震加速度时程的最大值　　　　　　单位：cm/s²

地震影响	6 度	7 度	8 度	9 度
多遇地震	18	35(55)	70(110)	140
罕遇地震	125	220(310)	400(510)	620

　　注：括号内数值分别用于设计基本地震加速度为 0.15g 和 0.30g 的地区。

　　点击 "计算"，即完成时程分析的计算；点击 "时程分析结果"，即可查看其结果；点击
"新版文本查看"，即可查看计算结果，时程分析结果、新版文本查看如图 5-58、图 5-59 所示。

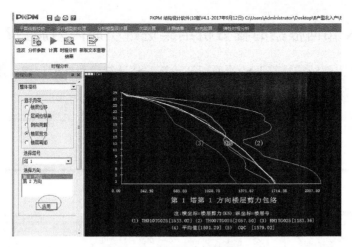

图 5-58　时程分析结果

注：① 如果底部剪力都在两条虚线之内，则满足规范要求。多条时程曲线计算的结构底部剪力平均值不应小于振型分解反应谱法求得的 80%，平均值不大于 120%。

② 也可以查看文本中的计算结果，自己用 EXCEL 表格画出曲线去判断。

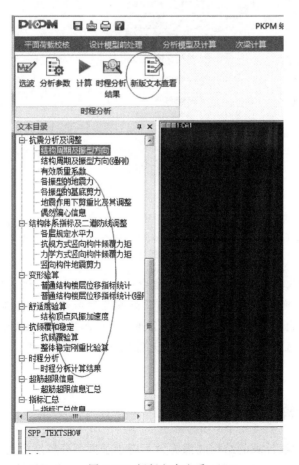

图 5-59　新版文本查看

5.10 YJK 如何根据时程分析结果进行小震内力调整?

答: 点击"上部结构计算"→"前处理及计算"→"计算参数"→"地震作用放大系数",如图 5-60、图 5-61 所示。

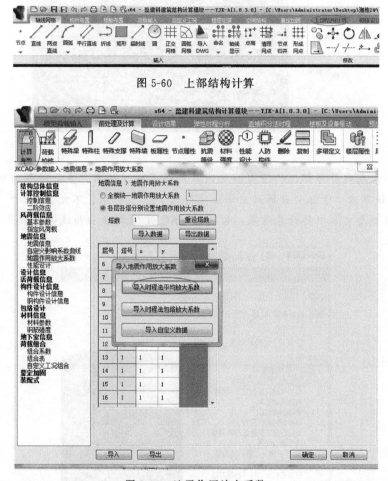

图 5-60 上部结构计算

图 5-61 地震作用放大系数

注: ① 点击"导入数据",在弹出的对话框中一般选择"导入时程法平均放大系数"即可。

② 当取 3 组加速度时程曲线输入时,计算结果宜取时程法的包络值和振型分解反应谱法的较大值进行小震内力调整;当取 7 组及 7 组以上的加速度时程曲线输入时,计算结果宜取时程法的平均值和振型分解反应谱法的较大值进行小震内力调整。

5.11 如何选择地震波?

答: 每条时程曲线计算的结构底部剪力不应小于振型分解反应谱法求得的 65%,一般也不应大于振型分解反应谱法求得的 135%;多条时程曲线计算的结构底部剪力平均值不应小于振型分解反应谱法求得的 80%,平均值不大于 120%。

时程曲线数量随工程高度及复杂性增加，重要工程不少于 5～7 组地震加速度时程曲线，应通过傅里叶变换与反应谱进行比较，对超高层建筑，必要时考虑长周期地震波对超高层结构的影响；输入地震加速度时程曲线应满足地震波三要素要求，即有效加速度峰值、频谱特性和持时要求。每组波形有效持续时间一般不少于结构基本周期的 5～10 倍和 15s，时间间距取 0.01s 或 0.02s；输入地震加速度记录的地震影响系数与振型反应谱法采用的地震影响系数相比，在各周期点上相差不宜大于 20%。

对于有效持续时间，以波形在首次出现 0.1 倍峰值为起点，以最后出现 0.1 倍为终点，对应区间为有效持时范围。对超高层建筑，在波形的选择上，在符合有效加速度峰值、频谱特性和持时要求外，满足底部剪力及高阶振型的影响，如条件许可，地震波的选取尚应考虑地震的震源机制。

对于双向地震输入的情况，上述统计特性仅要求水平主方向，在进行底部剪力比较时，单向地震动输入的时程分析结果与单向振型分解反应谱法分析结果进行对比，双向地震动输入的时程分析结果与双向振型分解反应谱法分析结果进行对比。采用的天然地震波宜采用同一波的 X 向、Y 向、Z 向，各分量均应进行缩放，满足峰值及各自比例要求。

采用天然波进行水平地震动分析时，每组自然波应按照地震波的主方向分别作用在主轴 X 向及 Y 向进行时程分析。

人工波无法区分双向，在采用其时程分析时可考虑两个方向作用不同的人工波，每组人工波应按照主要地震波分别作用在主轴 X 向及 Y 向进行时程分析。

可以查看画圈中的地震波有效持续时间来判断地震波是否满足基本要求。

5.12　如何进行小震动力弹性时程分析（以 MIDAS Gen 为例）？

答： 小震动力弹性时程分析的步骤可以概括为：定义时程荷载函数→定义时程荷载工况→定义地面加速度→定义时程分析结果层反应→定义质量数据→定义特征值分析控制（自振分析）→查看整体分析结果。

① 点击 "荷载"→"地震作用"→"时程函数"，弹出对话框，如图 5-62 所示。

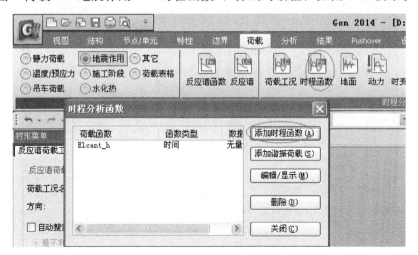

图 5-62　时程函数对话框

在图 5-62 中点击"添加时程函数（A）"，如图 5-63 所示。

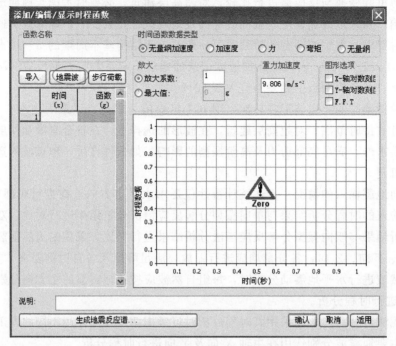

图 5-63　添加/编辑/显示时程函数（1）

a. 在图 5-63 中点击"地震波"，进行相关操作后，如图 5-64 所示。

b. 时间荷载数据类型采用无量纲加速度即可。

c. 应勾选"最大值"，按照表 5-6 对地震波进行调整。

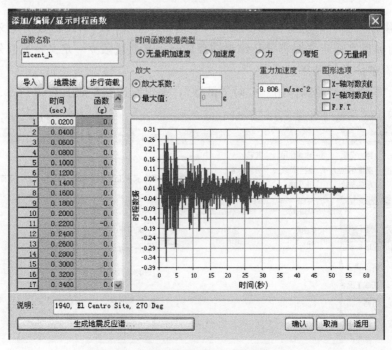

图 5-64　添加/编辑/显示时程函数（2）

② 点击 "荷载"→"地震作用"→"荷载工况"，如图 5-65 所示。

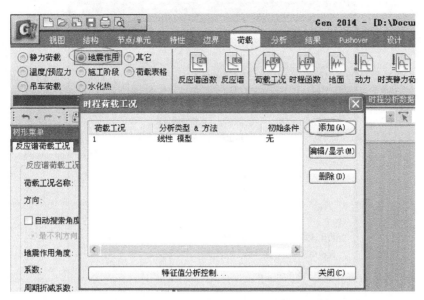

图 5-65　时程荷载工况

点击 "添加"，弹出对话框，如图 5-66 所示。

a. 弹性时程分析类型应选择 "线性"，弹塑性时程分析类型应选择 "非线性"；分析时间，每组波形有效持续时间一般不少于结构基本周期的 5～10 倍和 15s；"分析方法" 一般可选择 "振型叠加法"，且采用 "振型叠加法" 时，一定要定义特征值分析控制，自振周期较大的结构（如索结构）采用直接积分法，否则选择振型法。

分析时间步长表示在地震波上取值的步长，推荐不要低于地震波的时间间隔（步长），一般可填写 0.01s 或 0.02s，一般大于 5 倍结构基本自振周期，时间步长取 0.02s。输出时间步长为整理结果时输出的时间步长。例如结束时间为 20s，分析时间步长为 0.02s，则计算的结果有 20/0.02＝1000 个。如果在输出时间步长中输入 2，则表示输出以每 2 个为单位中的较大值，即输出第一和第二时间段中的较大值、第三和第四时间段的较大值，以此类推。

b. 时程分析类型：当波为谐振函数时选用线性周期，否则为线性瞬态（如地震波）。振型的阻尼比为可选所有振型的阻尼比。如果需要考虑 "时变静力荷载"，在用地震动进行计算的时候，"时程荷载工况" 里 "加载顺序" 要 "接续前次"，考虑时变静力荷载的作用，必须注意有一个顺序的问题：在添加 "时程荷载工况" 和 "定义时程分析函数" 的时候，需要先定义时变静力荷载，然后才定义地震动函数（定义地震波），并且在 "时程荷载工况" 的定义里，时变静力荷载和地震波的分析类型及其他参数应该一致。

c. 在 MIDAS Gen 中反应谱分析和时程分析不能同时计算，这是两个独立的计算，一般都是先反应谱，后时程，可以建两个模型，分别计算。

③ 点击 "荷载"→"地震作用"→"地面加速度"，如图 5-67 所示。

a. 在对话框如果只选 X 向时程分析函数，表示只有 X 向有地震波作用，如果 X 向、Y 向都选择了时程分析函数，则表示两个方向均有地震波作用。一般一个时程分析数据中应至少包含 3 个荷载工况，每个荷载工况可包含采用同一个地震波的 X 向、Y 向、Z 向的时程

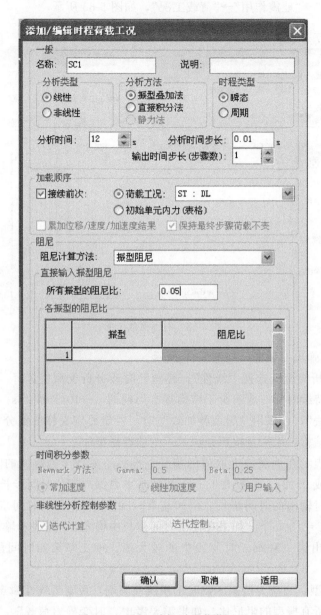

图 5-66　添加/编辑时程荷载工况

分析函数，其峰值加速度之比为 1∶0.85∶0.65。

　　b. 系数为地震波增减系数，到达时间表示地震波开始作用的时间。例如：X、Y 两个方向都作用有地震波，两个地震波的到达时间（开始作用于结构上的时间）可不同。水平地面加速度的角度：X、Y 两个方向都作用有地震波时如果输入 $0°$，表示 X 向地震波作用于 X 向，Y 向地震波作用于 Y 向；X、Y 两个方向都作用有地震波时如果输入 $90°$，表示 X 向地震波作用于 Y 向，Y 向地震波作用于 X 向；X、Y 两个方向都作用有地震波时如果输入 $30°$，表示 X 向地震波作用于与 X 轴方向成 $30°$ 的方向，Y 向地震波作用于与 Y 轴成 $30°$ 的方向。

　　c. 点击"结构"→"控制数据"→"建筑主控数据"，在弹出的对话框中，勾选"时程分析

图 5-67　时程分析数据（地面加速度）

结果的层反应"，点击"层平均"。

④ 点击"结构"→"结构类型"，勾选"将自重转换为质量"，点击"模型"（树形菜单）→"质量"→"将荷载转换成质量"，分别选择："DL 及 LL 荷载工况""组合值系数分别为 1 与 0.5"，点击"添加"即可。

⑤ 点击"分析"→"特征值"，如图 5-68、图 5-69 所示。

⑥ 点击"分析"→"运行分析"，即完成计算。

a. 特征值分析和屈曲分析不能同时进行。在做动力分析（如时程分析或反应谱分析）时，必须先进行特征值分析。反应谱分析中将使用特征值分析中得到的特征周期。因此在输入反应谱数据时，必须包括结构自振周期的预计范围。

b. 子空间大小：默认值为"0"，表示由程序自动划分子空间。子空间的大小，一般取为结构振型数量的 2～3 倍。

c. 特征值分析属于线性分析，如果模型中存在索单元这种非线性单元，在进行特征值分析时，程序会将索单元等效成桁架单元，则计算得到的结构动力特征值会与实际值有很大出入；可以点击"荷载"→"初始荷载"→"小位移"→"初始单元内力"，在弹出的对话框中输

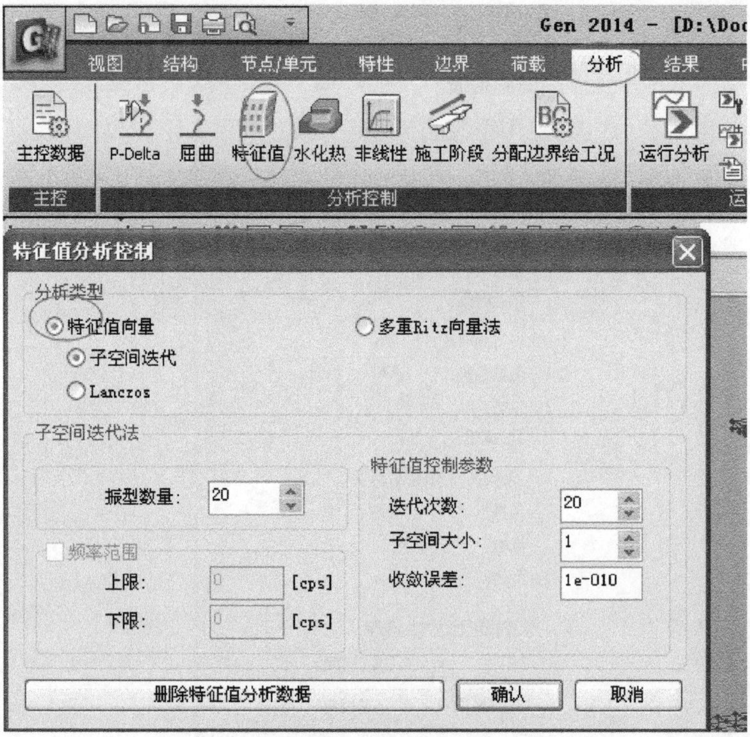

图 5-68　特征值分析控制（1）

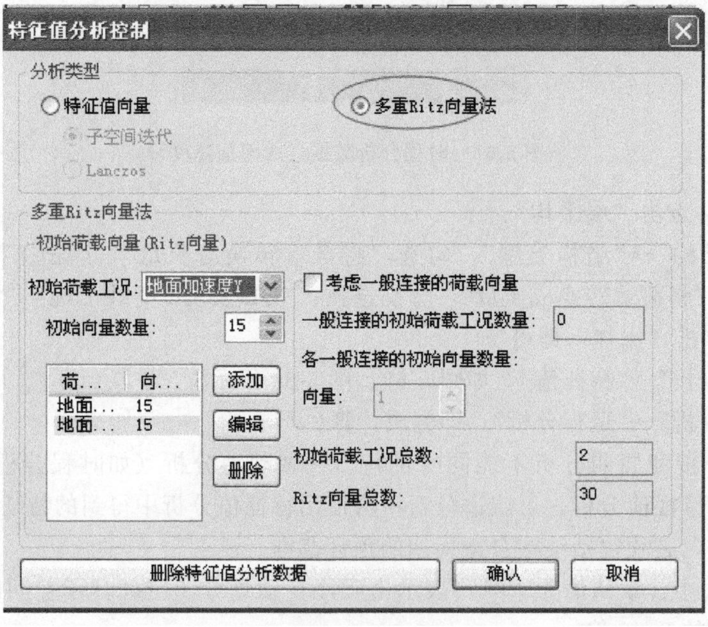

图 5-69　特征值分析控制（2）

入“初始张力”，则可以考虑该拉力对索单元刚度的影响。

　　注：为了计算 Ritz 向量，需要输入初始荷载向量。选择荷载工况生成初始荷载向量，程序将首先按初始荷载向量的方向和大小计算特征值。Ritz 向量法具有计算收敛快、计算结果比较准确的特点。

　　对于大跨度空间结构等具有复杂体型的结构，无法按照规范的方法去计算风荷载，此时可以通过设置虚面来添加风荷载。此时，如果采用子空间迭代法去进行特征值分析，往往很难保证振型参与质量达到 90% 的要求，此时可以选择多重 Ritz 向量法。

第6章

超限大震弹塑性分析

6.1 如何进行 Pushover 分析（以 MIDAS Gen 为例)?

① 点击"设计"→"混凝土构件设计"→"梁设计"，在弹出的对话框中点击"全选"与"更新配筋"；点击"设计"→"混凝土构件设计"→"柱设计"，在弹出的对话框中单击"全选"与"更新配筋"；点击"设计"→"混凝土构件设计"→"墙设计"，在弹出的对话框中点击"全选"与"更新配筋"。

② 点击"Pushover"→"整体控制"，如图 6-1～图 6-3 所示。

图 6-1 Pushover 对话框

如果结构未做施工阶段分析，可以采用重力荷载代表值（1DL＋0.5LL）作为初始荷载，如图 6-2 所示；如果已经做了施工阶段分析，则可以采用施工阶段的最终状态作为静力弹塑性分析的初始状态，如图 6-3 所示。

应选择"导入静力分析/施工阶段分析的结果"作为其初始状态，比例系数为1。

③ 点击"荷载工况"→"Pushover 工况"，如图 6-4 所示。

在图 6-4 中点击"添加（A)"，弹出"Pushover 荷载工况"对话框，如图 6-5 所示。

a. "一般控制"中填写计算步骤数和并考虑初始荷载以及 P-delta 效应。计算步骤数为最大控制位移的等分数量，具体数值可综合考虑计算效率选取。通常在试算时步骤划分数较小，正式计算时才会使用更短、更精细的步长；"增量法"一般选择"位移控制"。

b. "控制选项"中一般采用"主节点控制"，若采用"整体控制"，则可能出现局部构件发生破坏但整体结构完好的现象；"终止分析条件"中，弹塑性层间位移角限值，一般取值较大，大于《抗规》中规定的结构在罕遇地震作用下层间位移角限值；最大位移一般为：总高度×弹塑性层间位移角限值，参见《抗规》。

c. "荷载模式"一般选取"模态"加载，也可以自己定义"层地震力"方式（即反应谱工况下，每层地震力），这与实际受力更加一致。一般要定义"Pushover-x"与"Pushover-y"两个工况。

图 6-2 静力弹塑性分析初始荷载（重力荷载代表值）

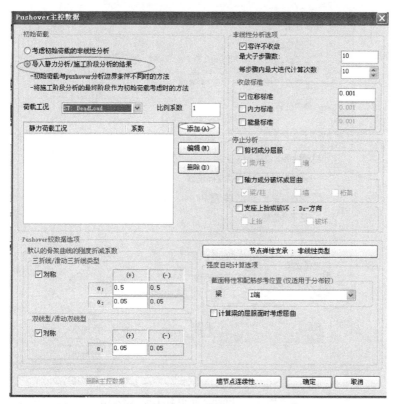

图 6-3 静力弹塑性分析初始荷载（施工阶段最终状态）

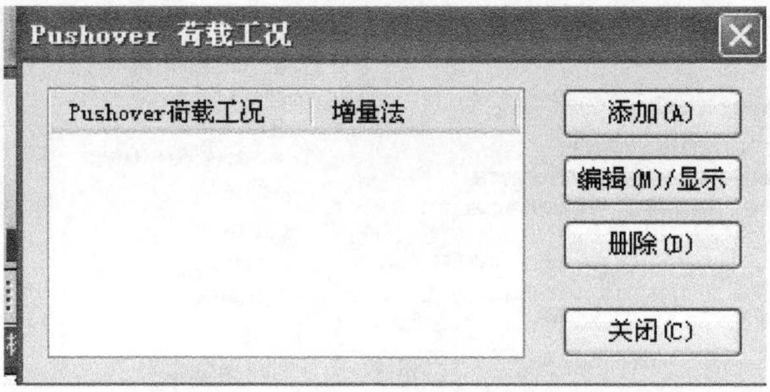

图 6-4 Pushover 荷载工况（1）

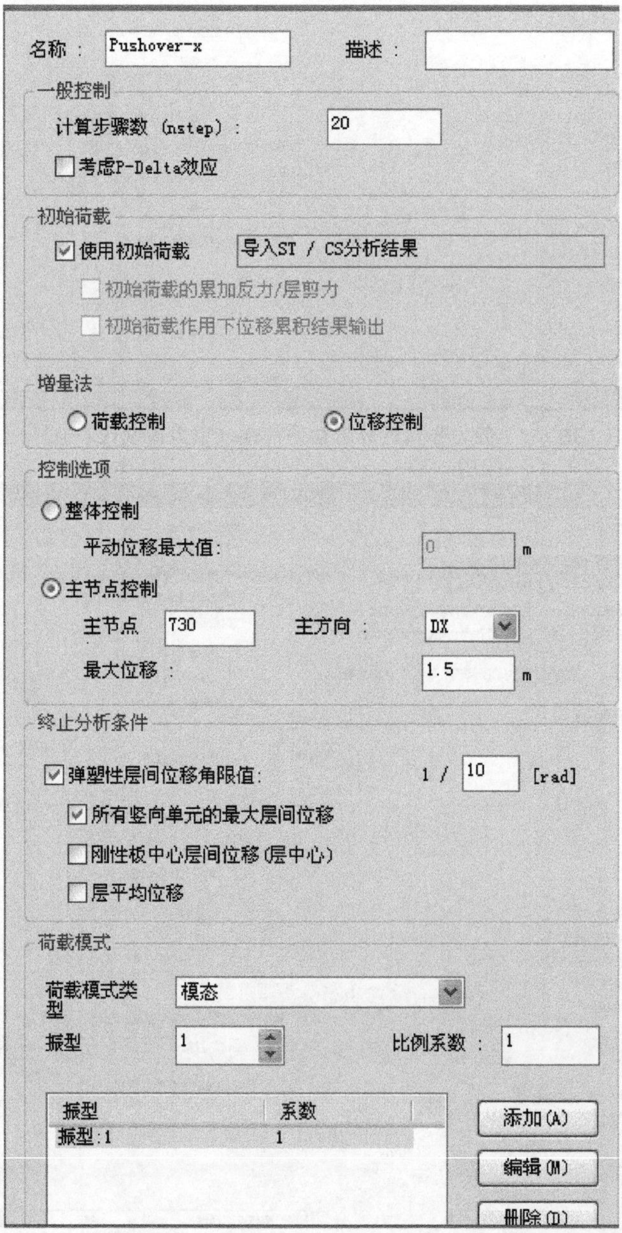

图 6-5 Pushover 荷载工况（2）

d. 一般选择第 1 振型，原因是多层结构的地震力接近倒三角形，与第 1 振型接近。

④ 点击"Pushover"→"分配铰特性"→"定义 Pushover 铰类型/特性值"，如图 6-6 所示。

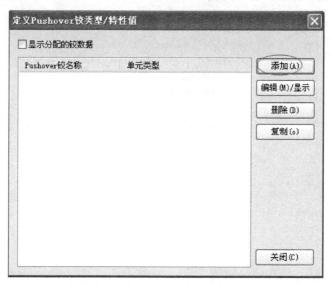

图 6-6　定义 Pushover 铰类型/特性值

在图 6-6 中点击"添加（A）"，分别定义"梁""柱"和"墙"的塑性铰，如图 6-7～图 6-9 所示。

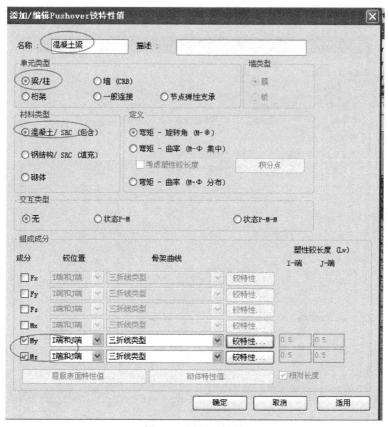

图 6-7　混凝土梁铰

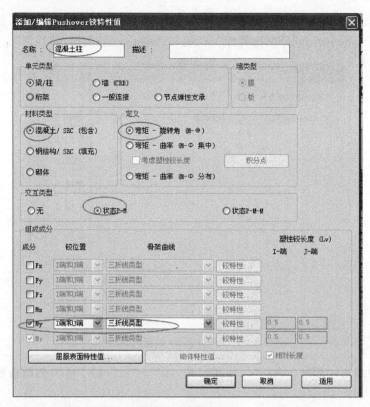

图 6-8　混凝土柱铰

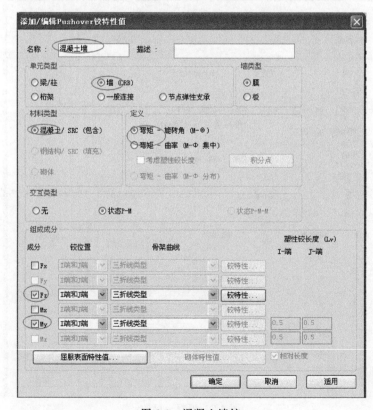

图 6-9　混凝土墙铰

　　a. 梁作为主要的抗弯构件，一般选择强轴和弱轴方向的弯矩 M_y 和 M_z 定义骨架曲线。根据材料类型，对于钢筋混凝土构件，可以选择三折线和 FEMA 骨架曲线，如果为钢构件，可以选择双折线和 FEMA 骨架曲线。

　　b. SRC（包含）为型钢混凝土，而 SRC（填充）为钢管混凝土。与一般分析时程序将 SRC 构件中一种材料等效为另一种材料的处理方法相同，弹塑性分析时，程序采用相同的方法。对于型钢混凝土构件，程序将型钢等效为混凝土；对于钢管混凝土构件，程序将混凝土等效为钢材后计算构件的刚度。

　　柱作为压弯构件或拉弯构件，需要考虑轴力和弯矩之间的相互影响，因而交互类型中选择"状态 P-M"，此时 M_y 和 M_z 已经默认勾选，二者与轴力之间的关系可以通过屈服面特性值进行查看。需要注意的是，这里仅是根据构件的轴力值以及屈服面，得到与该轴力对应到构件的屈服弯矩，此时并不考虑轴线的塑性状态变化。如果需要考虑，可以勾选 F_x，另行定义。

　　注：与柱构件相同，剪力墙构件的定义方法也需要按照压弯构件来定义。除此之外，还需考虑剪力墙的受剪特性，此时可以勾选"F_z"，并定义其骨架曲线。

　　⑤ 选择要定义为"铰"的构件，点击"Pushover"→"分配铰特性"→"分配 Pushover 铰特性值"，在弹出的对话框中，按照实际工程填写，点击"适用"，如图 6-10 所示。

　　a. 对于混凝土梁与混凝土柱，单元类型选择"梁/柱"，铰特性值类型分别选择自己定义所对应的类型，比如混凝土梁、混凝土柱。

　　b. 对于混凝土墙，单元类型选择"墙"，铰特性值类型选择自己定义所对应的类型，比如混凝土墙。

　　⑥ 点击"Pushover"→"运行分析"，运行静力弹塑性分析后，可以得到结构的能力曲线，点选"性能点控制（FEMA）"，点击"定义弹性谱"，会弹出对话框，在对话框中按照实际工程具体情况填写，设计地震分组、设防烈度以及场地类别等，并点击"确认"，输入相应的阻尼参数后，就给出性能点的相关信息。

　　在图中点击"重画"，点击"添加层间位移输出的 Pushover 步骤"，在弹出的对话框中，程序生成了 Push-x（pp）子步骤，其为性能点所对应的子步骤。

　　⑦ 点击"Pushover"→"Pushover 层图形"→"层剪力/层间位移/层间位移角图形"，可以查

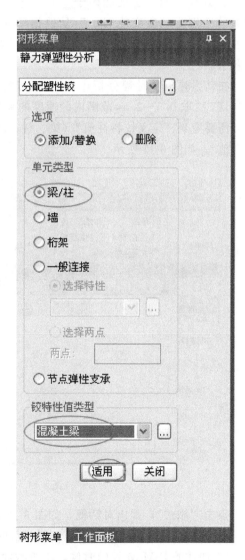

图 6-10　分配 Pushover
铰特性值

看对应的分析结果。点击"Pushover"→"Pushover 铰结果",可以查看性能点处塑性铰状态。

6.2　如何进行动力弹塑性时程分析（以 MIDAS Gen 为例)？

动力弹塑性时程分析的过程可以参考"5.12　如何进行小震动力弹性时程分析（以 MIDAS Gen 为例)?"。不同的是,在"时程荷载工况"的定义里,考虑弹塑性一般使用"非线性"的分析类型,"直接积分法"的分析方法。"阻尼计算方法"一般使用"质量和刚度因子",可以通过第一、第二振型的周期来计算"质量和刚度因子"。"阻尼计算方法"的"应变能因子"和"单元质量和刚度因子"一般是和阻尼一起使用的,两者的区别是"应变能因子"是根据单元的变形来计算阻尼,"单元质量和刚度因子"计算阻尼的时候和振型有关。小震弹性时程分析的选波技巧同样适用于"动力弹塑性时程分析"。

在动力弹塑性时程分析中,EPA 可取 0.1～0.5s 范围的水平影响系数平均值并除以 2.5；EPV 取 0.5～2.0s 范围内的速度的平均值并除以 2.5。

需要定义"定义铰特性值"（梁、柱、墙),点击"特性"→"非弹性铰"→"定义非弹性铰特性值",如图 6-11 所示。

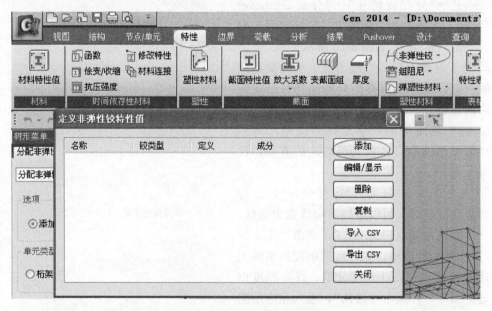

图 6-11　定义非弹性铰特性值

点击"添加",弹出对话框,如图 6-12 所示。

① 参数填写具体可参考"6.1　如何进行 Pushover 分析（以 MIDAS Gen 为例)?"。

② 加柱的 P-M-M 铰的时候,不管截面形状,需要在"屈服面特性值"里选择"自动计算",对于梁和支撑是在"滞回模型"旁边的"特征值"里选择"自动计算"。

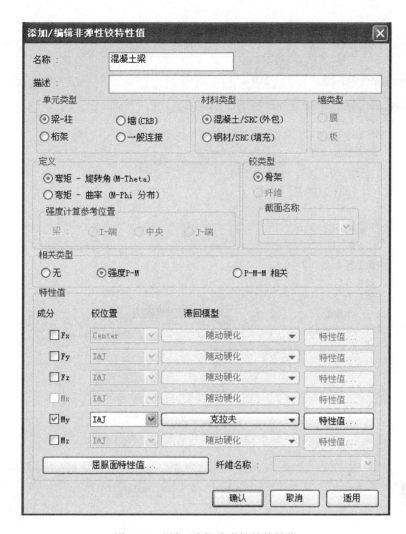

图 6-12　添加/编辑非弹性铰特性值

6.3 如何进行静力弹塑性时程分析（以 MIDAS Building 为例）？

点击"静力弹塑性分析"→"静力弹塑性首选项"，如图 6-13～图 6-17 所示。

图 6-13　静力弹塑性分析菜单

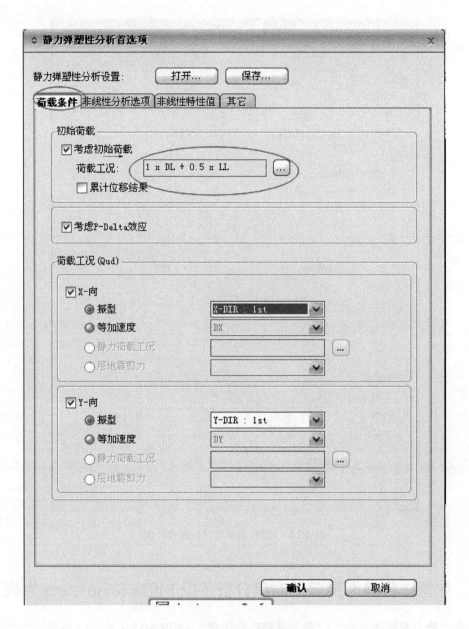

图 6-14 静力弹塑性荷载施加

静力弹塑性分析要点如下。

① 初始荷载为地震作用时（或前）结构所承受的有效荷载，一般取为 1DL ＋ 0.5LL（我国规范中重力荷载代表值），FEMA-273 取为 1DL ＋ 0.25LL。《高规》3.11.4-2：复杂结构应进行施工模拟分析，应以施工全过程完成后的内力作为初始状态。该条文说明对复杂结构进行施工模拟分析是十分必要的。弹塑性分析应以施工全过程完成后的静载内力为初始状态，当施工方案与施工模拟计算不同时，应重新调整相应计算。

②《高规》5.5.1-5：应考虑几何非线性的影响。该条文说明结构弹塑性变形往往比

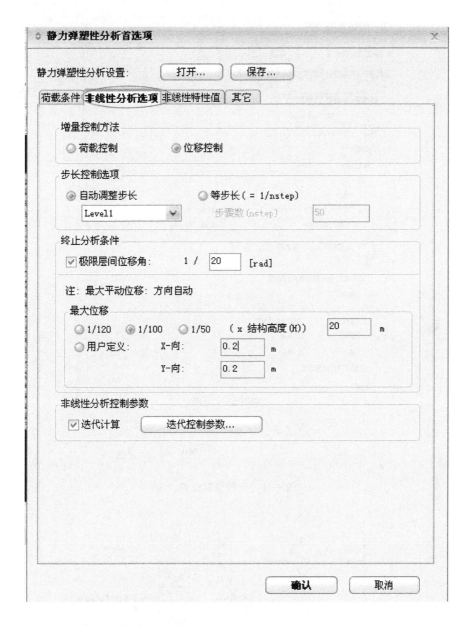

图 6-15　分析参数设置

弹性变形大很多，考虑结构几何非线性进行计算是必要的，结果的可靠性也会因此有所提高。图 6-17 为挠曲二阶效应示意图。

　　③ 侧向推覆力的施加方式在整个静力弹塑性分析过程中不改变，因此，对于推覆力形式的选择至关重要，2012 年之前，程序基本同 CSI 程序（SAP2000 等），一般进行振型加载模式(基本以第一振型模式加载)，对于以第一振型为主的结构，能够得到较为可靠的计算结果。目前，程序能够进行反应谱计算得到的层剪力模式进行侧向推覆力的施加，能够较为真实地反映地震力分布情况。图 6-18 为传统推覆力加载示意图。

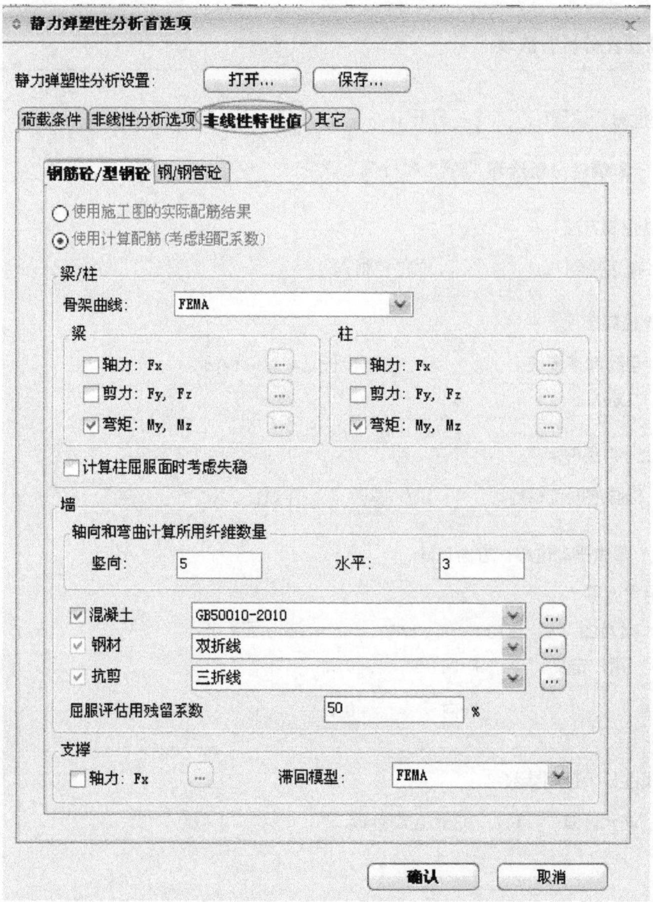

图 6-16 分析模型设置

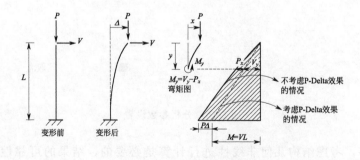

图 6-17 挠曲二阶效应示意

④ 程序提供了荷载控制与位移控制。由结构内力-位移曲线知，结构进入极限承载能力（此时，即使不再增加外力，位移也会增加）后，只能通过位移增量进行分析，故一般采用位移控制。

⑤ 自动调整步长，Level 1、Level 2、Level 3 分别对应的最大总步骤数为 50、100、200。

⑥ 依据《抗规》表 5.5.5 可知表 6-1 规范控制的各类结构允许弹塑性层间位移角。但输

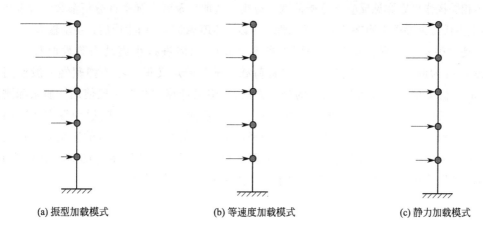

(a) 振型加载模式　　　　　(b) 等速度加载模式　　　　　(c) 静力加载模式

图 6-18　传统推覆力加载示意

入时应适当增大，极限层间位移角一般采用程序默认值 1/20，当分析过程中层间位移角超过输入值时，自动停止计算。

表 6-1　弹塑性层间位移角限值

结构类型	$[\theta_p]$	结构类型	$[\theta_p]$
单层钢筋混凝土柱排架	1/30	钢筋混凝土框架-抗震墙、板柱-抗震墙、框架-核心筒	1/100
钢筋混凝土框架	1/50	钢筋混凝土抗震墙、筒中筒	1/120
底部框架砌体房屋中的框架-抗震墙	1/100	多、高层钢结构	1/50

⑦ 塑性铰的出现造成了单元刚度的变化，单元刚度的变化又引起了单元内力的变化，使得外力与内力之间产生了不平衡力（残余力），因为迭代不可能完全消除残余力，所以为了既满足计算结果的精确度又保证计算效率，需要设置设定的收敛判别条件。

⑧ 对于每一个自由度，定义一个用来给出屈服值和屈服后塑性变形的力-位移（弯矩-转角）曲线，一般采用 FEMA，其采用五个控制点将力-位移（弯矩-转角）曲线分为弹性段、强化段、卸载段、塑性段。

6.4　如何进行动力弹塑性时程分析（以 MIDAS Building 为例）？

点击"动力弹塑性分析"→"动力弹塑性首选项"→"自动生成铰数据"→"荷载数据"→"地震波"→"初始荷载"等，如图 6-19 所示。

图 6-19　动力弹塑性时程分析菜单

① 相关操作事宜详见反应谱分析荷载（地震波选取）及静力弹塑性分析参数设置要点。程序暂不能生成型钢混凝土构件的塑性铰属性，可以在 MIDAS Gen 内生成后，手动输入。

② 动力弹塑性时程分析的过程可以参考"5.12 如何进行小震动力弹性时程分析（以 MIDAS Gen 为例)?"。而不同的是，"时程荷载工况"的定义里，考虑弹塑性一般使用"非线性"的分析类型，"直接积分法"的分析方法；"阻尼计算方法"一般使用"质量和刚度因子"，可以通过第一、第二振型的周期来计算"质量和刚度因子"。"阻尼计算方法"的"应变能因子"和"单元质量和刚度因子"一般是和阻尼一起使用的，两者的区别是"应变能因子"是根据单元的变形来计算阻尼，"单元质量和刚度因子"计算阻尼的时候和振型有关。小震弹性时程分析的选波技巧同样适用于"动力弹塑性时程分析"。

6.5 如何进行动力弹塑性时程分析（以 PKPM 为例)?

答： 点击"弹塑性时程分析"→"接力数据"→"塑性铰布置"→"特殊构件"（指定关键构件）→"32 位计算"，如图 6-20、图 6-21 所示。

图 6-20 弹塑性时程分析

图 6-21　前处理及计算

点击"32 位计算"下的"64 位计算"，弹出对话框，如图 6-22 所示。点击"选择地震波或自动选波"，可以参考第 5 章选波方法和技巧进行自动选波。需要注意的是，大震下的特征周期应该勾选"0.4"及特征周期应加"0.05"。

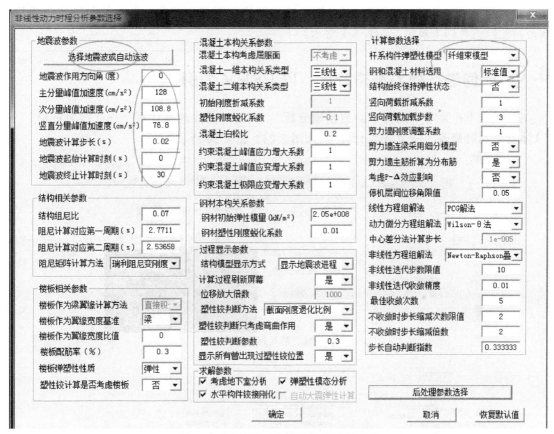

图 6-22　非线性动力时程分析参数选项

① 主分量峰值加速度可参考《抗规》5.1.2 条，如表 5-11 所示。

② 做三向地震波分析，主分量、次分量和竖向分量加速度峰值的比例通常可以取为 1：0.85：0.65；如果只想做单向地震波分析，只需将次分量和竖向分量的峰值设为 0 即可。

③ 当选波不满足基底剪力时，适当增加相邻特征周期的可选地震波或者放宽主次方向地震峰值加速度以满足选波条件。

④ 对于阻尼比，混凝土结构一般可取 0.05，钢结构一般可取 0.02。当计算大震作用下的弹塑性时程分析时，阻尼比可填写为 0.06 或 0.07，比中、小震作用下的时程分析阻尼比增加 0.01 或 0.02。

⑤ 其他参数按实际工程填写，并参考本章 MIDAS Pushover 分析及弹塑性时程分析中的参数填写。

点击"计算结果"，可查看相关的计算结果，如图 6-23 所示。

图 6-23　动力弹塑性时程分析计算结果

在计算结果中点击"计算报告"，即可查看结构在罕遇地震作用下的最大层间位移角，规范对此限值有如下规定，如表 6-1 所示。

6.6 如何进行静力推覆分析 (以 PKPM 为例)？

答：在下拉菜单中选择"静力推覆分析"，点击"前处理及计算"→"接力数据"→"文本交互钢筋修改"→"64 位计算"，如图 6-24、图 6-25 所示。

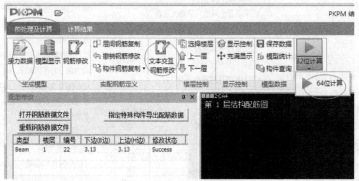

图 6-24　前处理及计算

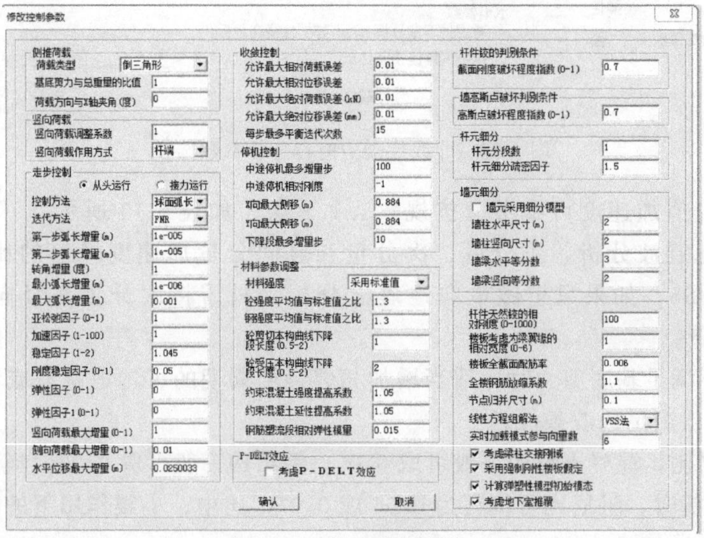

图 6-25　修改控制参数

　　注：参数按实际工程填写，并参考本章 MIDAS Pushover 分析及弹塑性时程分析中的参数填写。

　　点击"计算结果"，即可查看相关的计算结果，如图 6-26 所示。

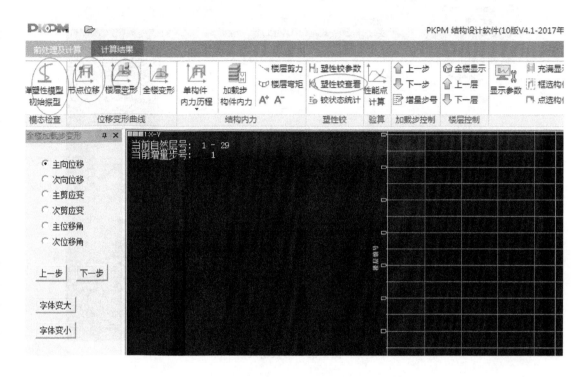

图 6-26　静力推覆分析计算结果

6.7　如何进行动力弹塑性时程分析（以 YJK 为例)?

　　答：点击"非线性计算"→"动力弹塑性分析"→"地震波选择"，在弹出的对话框中点击"添加地震波"，自动筛选符合规范要求的地震波组合，技术方法和技巧可参考第 5 章（超限小震弹性分析），其他参数填写可参考"6.2　如何进行动力弹塑性时程分析（以 MIDAS Gen 为例)?""6.5　如何进行动力弹塑性时程分析（以 PKPM 为例)?"，如图 6-27～图 6-29 所示。

图 6-27　非线性计算

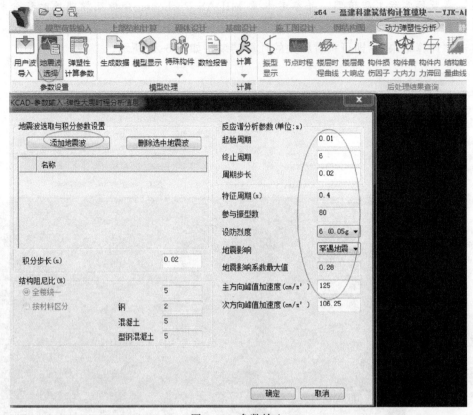

图 6-28　参数输入

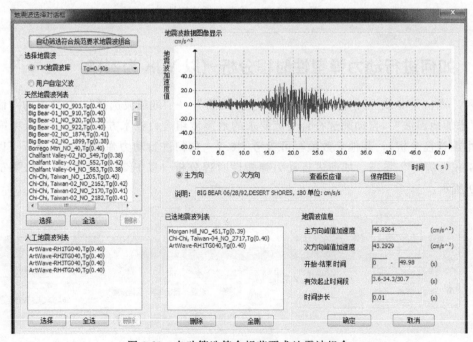

图 6-29　自动筛选符合规范要求地震波组合

点击"弹塑性计算参数"，弹出参数设置对话框，如图 6-30～图 6-32 所示。

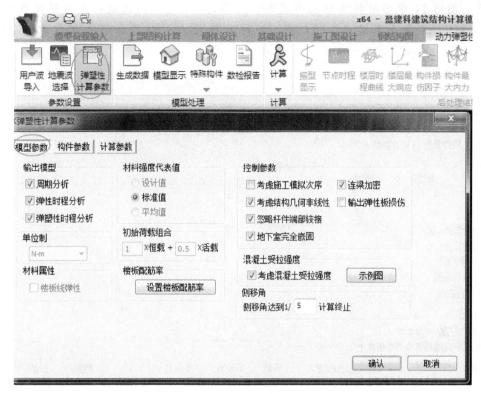

图 6-30　模型参数

注：图 6-30 中参数按实际工程填写，并参考"6.2　如何进行动力弹塑性时程分析（以 MIDAS Gen 为例）?""6.5　如何进行动力弹塑性时程分析（以 PKPM 为例）?"。

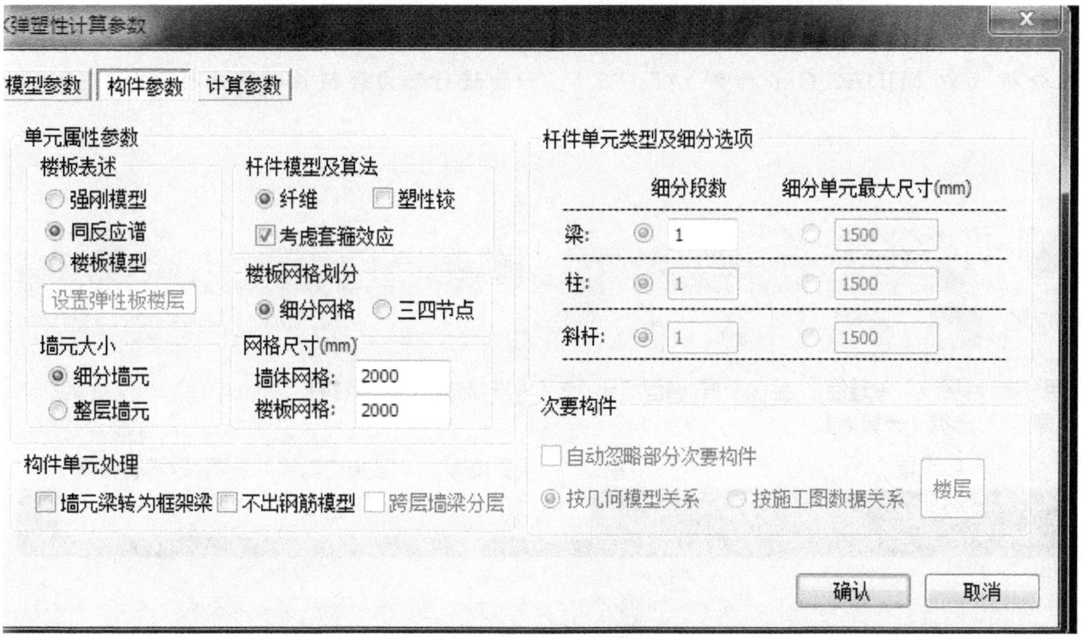

图 6-31　构件参数

注：图 6-31 中参数按实际工程填写，并参考"6.2 如何进行动力弹塑性时程分析（以 MIDAS Gen 为例）？""6.5 如何进行动力弹塑性时程分析（以 PKPM 为例）？"。

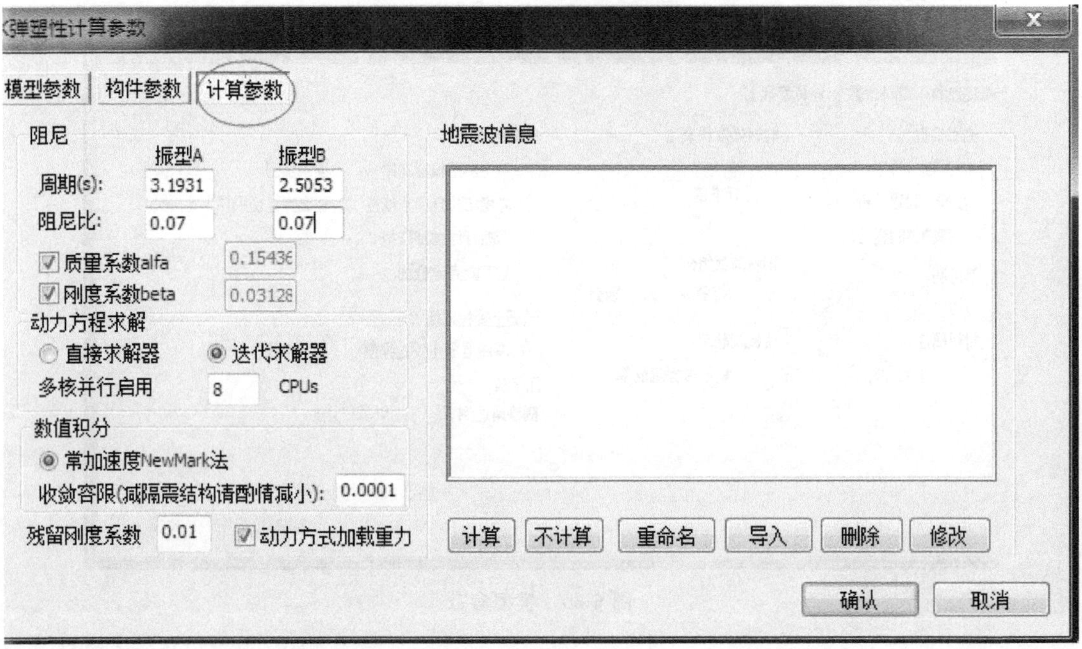

图 6-32 计算参数

注：图 6-32 中参数按实际工程填写，并参考"6.2 如何进行动力弹塑性时程分析（以 MIDAS Gen 为例）？""6.5 如何进行动力弹塑性时程分析（以 PKPM 为例）？"。

图 6-33 特殊构件

点击"生成数据"→"特殊构件"→"生成数据＋计算"，即完成了计算，如图 6-33、图 6-34 所示。

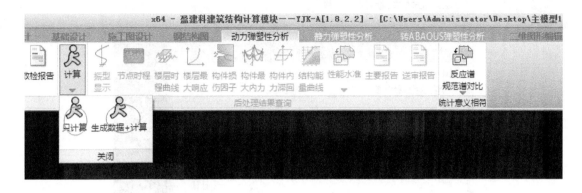

图 6-34　计算

完成计算后，即可查看相关的计算结果，包括最大层间位移角等。

6.8　如何进行静力推覆分析（以 YJK 为例)?

点击"静力弹塑性分析"→"计算参数"，按照实际工程填写相关参数，如图 6-35、图 6-36 所示。

图 6-35　静力弹塑性分析

① 参数应按实际工程填写。

② 地震影响系数最大值如表 5-3 所示。

③ P-Δ 效应：规范建议，非线性分析（弹塑性分析）应计入重力二阶效应，即此处所指 P-Δ 效应。在侧向推覆荷载作用下，结构产生侧向变形，而存在于结构上的竖向重力荷载，会产生附加弯矩，在侧向变形较大时，不容忽视。

点击"生成数据"→"计算"，即可完成计算，最后查看相关的计算结果，如图 6-37 所示。

① 完成计算后，结果栏会显示白色，否则是灰色，不能编辑。

② 点击"楼层最大响应"，即可查看主次方向弹塑性最大位移角。

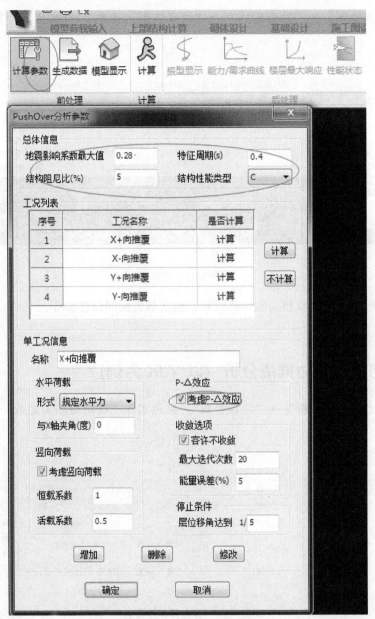

图 6-36　Pushover 分析参数

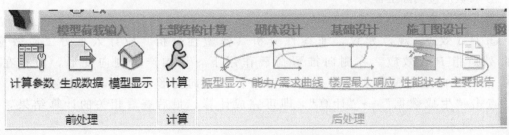

图 6-37　静力弹塑性分析菜单

第7章

超限专项分析

7.1 如何进行中震弹性分析（以 PKPM 为例）？

答： PKPM 进行中震弹性分析的思路是，大部分过程和反应谱弹性设计相同，需要注意的是 SATWE 中的参数设置中有几处不同的地方，并应进行性能设计的设定。

中震弹性时，SATWE 中的参数设置几处不同地方分别为：风荷载计算信息，水平地震影响系数最大值，周期折减系数，连梁刚度折减系数，不考虑偶然偏心，不考虑外框剪力调整、剪重比调整、薄弱层调整，可参考表 7-1。

表 7-1　计算参数

项目		小震	中震		大震不屈服	风
			弹性	不屈服		
α_{max}		0.04	0.12	0.12	0.28	—
周期折减系数		0.85	1.0	1.0	1.0	—
连梁刚度折减系数		0.6	0.3	0.3	0.2	1.0
阻尼比		0.04	0.04	0.04	0.06	0.03
场地特征周期		0.35	0.35	0.35	0.40	—
荷载分项系数		√	√	1.0	1.0	√
材料		设计值	设计值	标准值	标准值	设计值
抗震承载力调整系数		√	—	—	—	—
双向地震		√	√	√	—	—
偶然偏心		√	—	—	—	—
地震力调度	外框剪力调整	√	—	—	—	—
	剪重比调整	√	—	—	—	—
	薄弱层调整	√	—	—	—	—

注：1. 本表格是某个超限项目的计算参数表，可用来参考，但需要注意的是，混凝土结构的阻尼比应该是 0.05，其他混凝土项目的阻尼比应该按 0.05（中、小震）及 0.06 或 0.07（大震）套用；周期折减系数及水平地震影响系数最大值应该按实际情况填写；对于周期折减系数，中震及大震作用时可取 1.0。

2. 连梁刚度折减系数，对于混凝土结构，小震时可填写 0.7，中震时填写 0.5，大震时填写 0.3。

3. 中震、大震时均布计算风荷载作用，梁刚度增大系数均可取 1.0。

案例工程位于广西南宁市，为剪力墙住宅，主体地上 52 层，地下 1 层。该项目抗震设防类别为丙类，建筑抗震设防烈度为 6 度，设计基本加速度值为 0.05g，设计地震分组为第一组，场地类别为 II 类，设计特征周期为 0.35s，剪力墙抗震等级为三级（地下室覆土为坡地，地下室顶板不作为嵌固端）。桩端持力层为中风化泥质粉砂岩，采用人工挖孔桩。

点击："SATWE 分析设计"→"设计模型前处理"→"参数定义"，如图 7-1～图 7-4

所示。

图 7-1　总信息

注：图 7-1 中画圈的参数可按默认值填写。

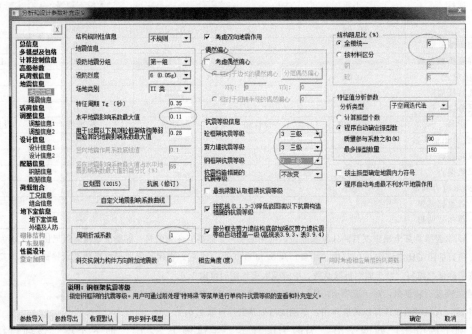

图 7-2　地震信息

注：图 7-2 中①画圈的参数可按默认值填写。②水平地震影响系数最大值参考表 6-2 填写。③当为中震或者大震的弹性或者不屈服时，抗震等级改成非抗震。

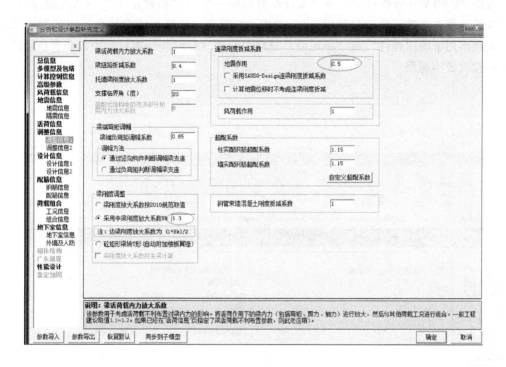

图 7-3　调整系数（1）

注：图 7-3 中①画圈的参数可按默认值填写。②连梁刚度折减系数也可以填写"0.3"。

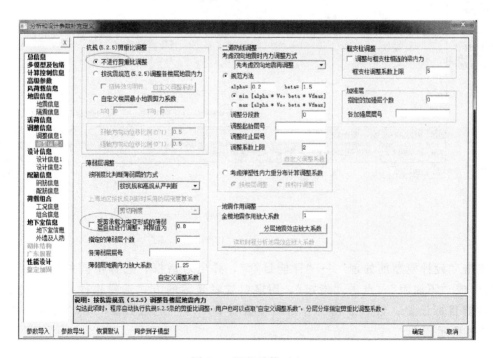

图 7-4　调整系数（2）

注：图 7-4 中画圈的参数可按默认值填写。

点击"SATWE 分析设计"→"设计模型前处理"→"参数定义"→"性能设计",选择"按照高规方法进行性能包络设计",如图 7-5 所示;按照性能设计目标中的要求选择中震或大震作用下的"弹性"或"不屈服"或同时勾选(有时候性能目标中都包含抗弯或者抗剪的弹性或者不屈服)。

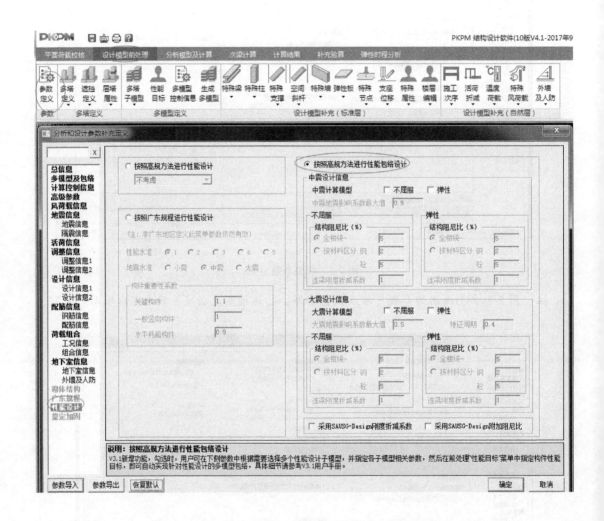

图 7-5 性能设计

点击"设计模型前处理"→"性能目标",弹出对话框,选择不同的构件后,选择"弹性"或"不屈服",点击"指定",用窗口或者光标的方式选择构件,即完成不同构件的性能目标设置;最后点击"分析模型及计算"→"生成数据"→"计算+配筋",如图 7-6 所示。

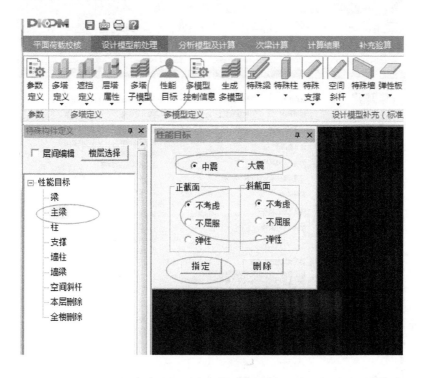

图 7-6　性能目标对话框

注：图 7-6 中①此对话框应根据性能设计目标设置。正截面指抗弯，斜截面指抗剪。②配筋计算结果如果不显示红色，一般表示梁、柱、墙等构件设定的性能目标满足要求。

7.2 如何进行中震弹性分析（以 YJK 为例）？

答： 点击"上部结构计算"→"前处理及计算"→"计算参数"，如图 7-7～图 7-11 所示。

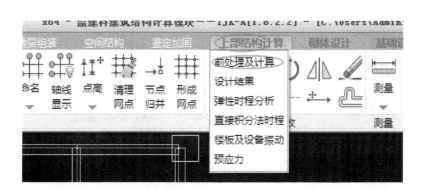

图 7-7　前处理及计算

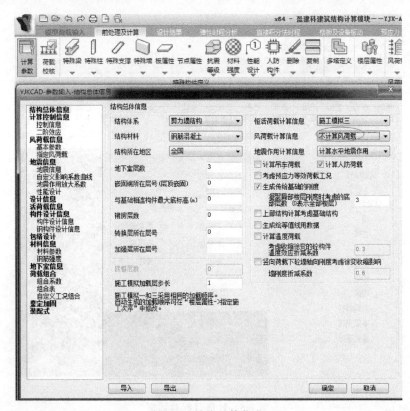

图 7-8　结构总体信息

注：图 7-8 中画圈的参数可按默认值填写。

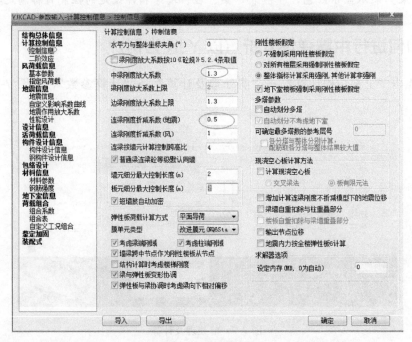

图 7-9　控制信息

注：图 7-9 中画圈的参数可按默认值填写。

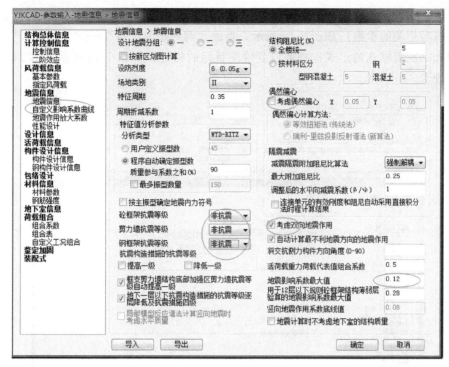

图 7-10　地震信息

注：图 7-10 中①画圈的参数可按默认值填写。②水平地震影响系数最大值参考表 6-2 填写，程序会自动填写。③当为中震或者大震的弹性或者不屈服时，抗震等级不需要改变，小震时是多少就填写多少，只要在性能设计中选择了弹性或者不屈服即可。在实际设计中，应咨询最新版本的供应商。

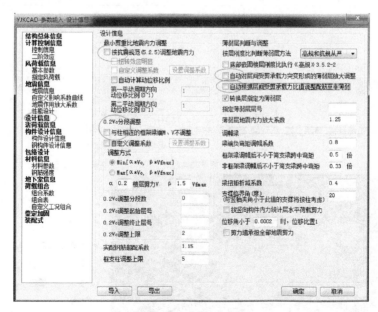

图 7-11　设计信息

注：图 7-11 中画圈的参数可按默认值填写。

点击"前处理及计算"→"计算参数"→"性能设计",勾选"考虑性能设计",并按照项目要求填写相关的参数,如图 7-12 所示。点击"前处理及计算"→"性能设计",弹出对话框,用光标或者框选的形式选择要设置性能目标的构件,如图 7-13 所示。图 7-14 为性能设计类型设置。

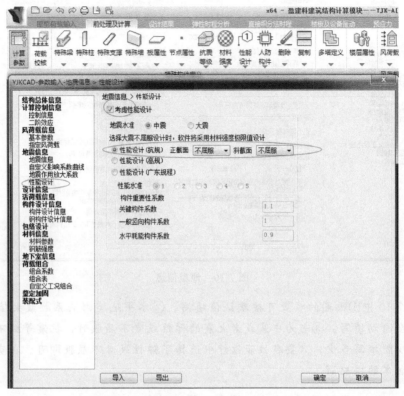

图 7-12　性能设计

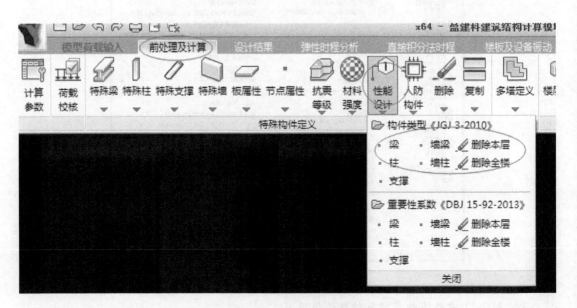

图 7-13　前处理及计算

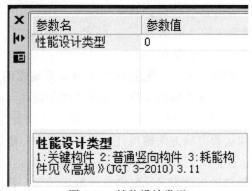

图 7-14　性能设计类型

　　扩充性能设计功能，并可支持按照《抗规》和广东《高规》两本规范进行性能设计。在计算参数中设置单独的性能设计页，把原来放在地震信息中的性能设计选项移出，进行性能设计时，用户除在这里勾选性能设计相关参数外，还需到地震参数中按地震烈度确认"地震影响系数最大值"和与性能水准对应的抗震构造措施的抗震等级，以便软件采取与性能水准相适应的构造措施，软件自动实现"地震影响系数最大值"与地震水准的联动。另外，无论按《抗规》《高规》还是按广东《高规》进行性能设计，均不考虑地震效应和风效应的组合，不考虑与抗震等级有关的内力调整系数。

　　选择"性能设计（抗规）"时，软件以《抗规》附录 M 作为设计依据。用户可以选择"不屈服"和"弹性"性能水准，软件具体实现如下：

　　中震不屈服：荷载效应采用标准组合，材料强度取标准值；

　　中震弹性：荷载效应采用基本组合，材料强度取设计值；

　　大震不屈服：荷载效应采用标准组合，材料强度取极限值；

　　大震弹性：荷载效应采用基本组合，材料强度取设计值。

　　选择"性能设计（广东规程）"时，软件以广东《高规》3.11 条作为设计依据，可选择不同的抗震性能水准。

　　构件分为关键构件、一般竖向构件和水平耗能构件，三类构件用构件重要性系数加以区分。软件默认剪力墙为关键构件，柱、支撑为一般竖向构件，梁为水平耗能构件，如果实际设计的构件与默认不符，用户可在"前处理及计算"的"重要性系数"中修改单构件的重要性系数，软件在计算前处理增加"重要性系数"菜单，可对梁、柱、墙柱、墙梁、支撑按单构件分别设置重要性系数，也是配合广东《高规》的需要。重要性系数菜单仅在广东《高规》的性能设计中起作用。

　　按照广东《高规》进行性能设计时，荷载效应均采用标准组合，材料强度以标准值为基准，对于广东《高规》3.11.3 条中的承载力利用系数 ξ、竖向构件剪压比 ζ，选择不同性能水准的软件。具体实现如下：

　　中震性能 1：承载力利用系数 ξ，压、剪取 0.6，拉、弯取 0.69；

　　中震性能 2：承载力利用系数 ξ，压、剪取 0.67，拉、弯取 0.77；

　　中震性能 3：承载力利用系数 ξ，压、剪取 0.74，拉、弯取 0.87；

　　中震性能 4：承载力利用系数 ξ，压、剪取 0.83，拉、弯取 1.0；

　　大震性能 2：承载力利用系数 ξ，压、剪取 0.83，拉、弯取 1.0；

大震性能 3：竖向构件剪压比 ζ 取 0.133；

大震性能 4：竖向构件剪压比 ζ 取 0.15；

大震性能 5：竖向构件剪压比 ζ 取 0.167。

需要指出的是，按照性能设计确定的配筋通常要与多遇地震的配筋取包络，如有需要，用户可通过软件的"包络设计"菜单加以实现。选择"性能设计（高规）"时，软件以《高规》3.11 条作为设计依据，可选择不同的抗震性能水准。构件分为关键构件、一般竖向构件和水平耗能构件，软件默认剪力墙为关键构件，柱、支撑为一般竖向构件，梁为水平耗能构件，可在前处理中查改。

计算完成后，配筋计算结果如果不显示红色，一般表示梁、柱、墙等构件设定的性能目标满足要求。正截面指抗弯，斜截面指抗剪。

7.3 如何进行中震不屈服分析（以 PKPM 为例)？

答： 参考"7.1 如何进行中震弹性分析（以 PKPM 为例)？"，SATWE 参数设置可参考表 7-1，需要注意的是，进行中震不屈服分析时，荷载分析系数均为 1.0（风荷载不参与组合，不考虑风荷载的荷载组合系数），考虑材料的标准值，PKPM 中混凝土能自动调整，比如 C40 的混凝土，只要勾选了按中震不屈服设计，抗压强度标准值就会自动采用标准值，如图 7-15 所示。钢筋及钢材的材料信息需要手动输入，比如 HRB400，钢筋强度应输入 400，如图 7-16 所示。

图 7-15 荷载组合（工况信息）

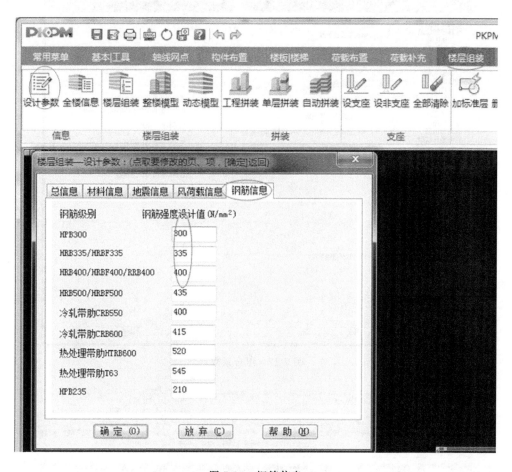

图 7-16　钢筋信息

　　水平地震影响系数最大值参考表 6-2。计算完成后，配筋计算结果如果不显示红色，一般表示梁、柱、墙等构件设定的性能目标满足要求。正截面指抗弯，斜截面指抗剪。

7.4　如何进行中震不屈服分析 (以 YJK 为例)?

　　答：参考"7.2　如何进行中震弹性分析（以 YJK 为例）?"，参数设置可参考表 7-1；需要注意的是，进行中震不屈服分析时，荷载分项系数均为 1.0（风荷载不参与组合，不考虑风荷载的荷载组合系数），考虑材料的标准值，YJK 中混凝土能自动调增，比如 C40 的混凝土，只要勾选了按中震不屈服设计，抗压强度标准值就会自动采用标准值，钢筋及钢材需要手动输入，比如 HRB400，钢筋强度应输入 400，如图 7-17、图 7-18 所示。水平地震影响系数最大值参考表 6-2。

　　计算完成后，配筋计算结果如果不显示红色，一般表示梁、柱、墙等构件设定的性能目标满足要求。正截面指抗弯，斜截面指抗剪。

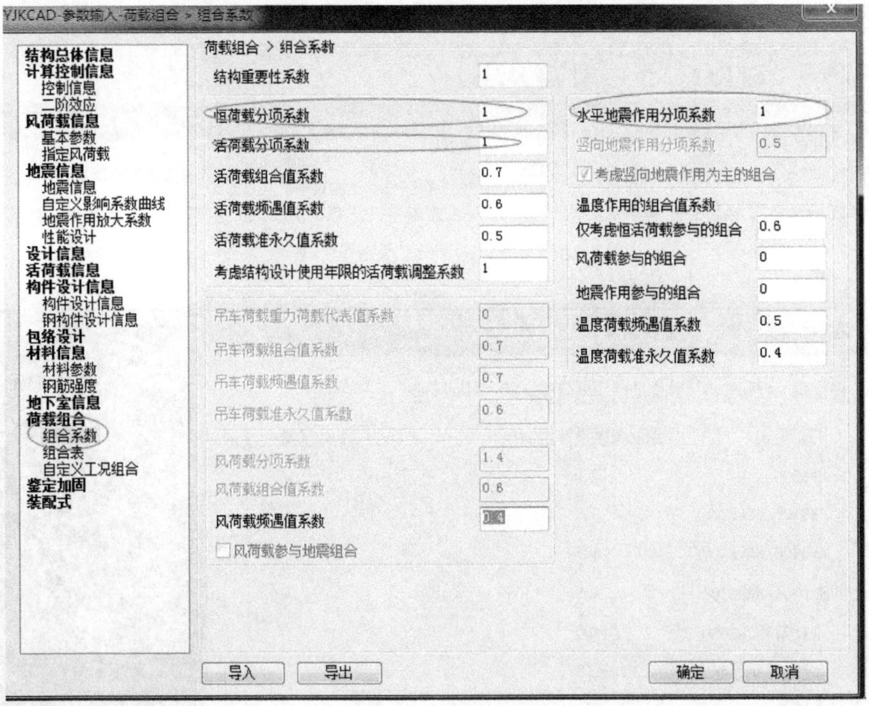

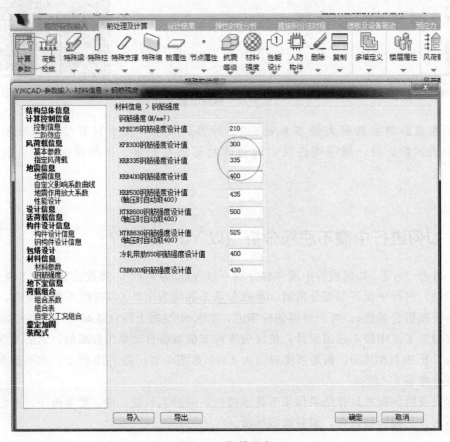

图 7-17　组合系数

图 7-18　钢筋强度

7.5　如何进行大震不屈服分析 (以 PKPM 为例)？

答：　参考"7.1　如何进行中震弹性分析（以 PKPM 为例）？"，SATWE 参数设置可参考表 7-1；需要注意的是，进行大震不屈服分析时，荷载分项系数均为 1.0（风荷载不参与组合，不考虑风荷载的荷载组合系数），考虑材料的标准值，PKPM 中混凝土能自动调增，比如 C40 的混凝土，只要勾选了按中震不屈服设计，抗压强度标准值就会自动采用标准值，钢筋及钢材需要手动输入，比如 HRB400，钢筋强度应输入 400。

大震作用下的不屈服设计，场地特征周期应该增加 0.05（6 度区变为 0.4），阻尼比在 0.05 的基础上增加 0.01~0.02，连梁刚度折减系数可取 0.3。水平地震影响系数最大值参考表 5-3。

计算完成后，配筋计算结果如果不显示红色，一般表示梁、柱、墙等构件设定的性能目标满足要求。正截面指抗弯，斜截面指抗剪。

7.6　如何进行大震不屈服分析 (以 YJK 为例)？

答：　参考"7.2　如何进行中震弹性分析（以 YJK 为例）？"，参数设置可参考表 7-1；需要注意的是，进行大震不屈服分析时，荷载分项系数均为 1.0（风荷载不参与组合，不考虑风荷载的荷载组合系数），考虑材料的标准值，YJK 中混凝土能自动调增，比如 C40 的混凝土，只要勾选了按中震不屈服设计，抗压强度标准值就会自动采用标准值，钢筋及钢材需要手动输入，比如 HRB400，钢筋强度应输入 400。

大震作用下的不屈服设计，场地特征周期应该增加 0.05（6 度区变为 0.4），阻尼比在 0.05 的基础上增加 0.01~0.02，连梁刚度折减系数可取 0.2。水平地震影响系数最大值参考表 5-3。

计算完成后，配筋计算结果如果不显示红色，一般表示梁、柱、墙等构件设定的性能目标满足要求。正截面指抗弯，斜截面指抗剪。

7.7　如何对楼板进行温度应力分析 (以 YJK 为例)？

答：　温差会产生内力，混凝土浇筑过程水泥使混凝土产生温差，混凝土降温阶段逐渐散热冷却会产生冷缩，同时，混凝土硬化过程本身有收缩；混凝土材料，重点考虑降温的不利影响，降温时产生拉应力。

升温时：$$\Delta T_k = T_{s,max} - T_{O,min} \tag{7-1}$$
降温时：$$\Delta T_k = T_{s,min} - T_{O,max} \tag{7-2}$$

结构最高平均温度 $T_{s,max}$ 和最低平均温度 $T_{s,min}$ 宜分别根据基本气温确定；结构的最高初始平均温度 $T_{O,max}$ 和最低初始平均温度 $T_{O,min}$ 应根据结构的合拢或形成约束的时间确定，或根据施工时结构可能出现温度按不利情况确定，也就是可以让后浇带在平均气温较低的月份进行后浇带封闭，$T_{s,max}$ 取使用阶段的温差的最高值，$T_{s,min}$ 取施工阶段的温差的最低值，$T_{O,\max}$ 及 $T_{O,\min}$ 可以取年平均气温或者后浇带封闭时的月平均气温。

用 YJK 对楼板进行温度应力分析的过程与小震弹性反应谱法分析的过程大同小异，点击"上部结构计算"→"前处理及计算"→"计算参数"→"结构总体信息/控制信息"，把画圈中的选项勾选或按照要求选择，如图 7-19、图 7-20 所示。

图 7-19　结构总体信息

注：①混凝土材料是弹塑性，实际混凝土结构在竖向、水平荷载作用下，应考虑混凝土塑性及裂缝的影响。

②应勾选"生成绘等值线用数据"，勾选"计算温度荷载"，考虑收缩徐变的混凝土构件温度效应折减系数取 0.3；勾选"竖向荷载下混凝土墙轴向刚度考虑徐变收缩影响"，墙刚度折减系数可取 0.6。

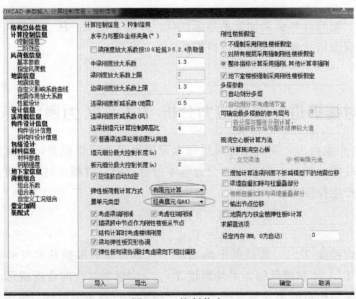

图 7-20　控制信息

① 一般应勾选"有限元计算"，然后在板属性中设置为"全楼弹性板 6"，如图 7-21 所示。

② 有限元方式是恒、活面荷载直接作用在弹性板上，不被导算到周边的梁墙上，板上的荷载是通过板的有限元计算才能导算到周边杆件；有限元方式仅适用于定义为弹性板 3 或弹性板 6 的楼板，不适合弹性膜或者刚性板。

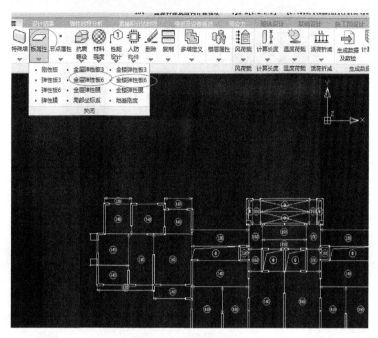

图 7-21　定义弹性板 6

弹性板 6 是真实地考虑板的内外刚度。

点击"前处理及计算"→"温度荷载"→"全楼温差"，在弹出的对话框填写实际工程的升温温差、降温温差。点击"计算"→"生成数据＋全部计算"，完成计算，如图 7-22、图 7-23 所示。

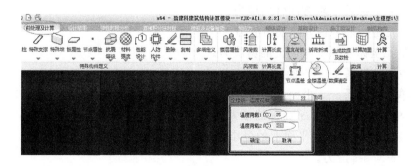

图 7-22　温度荷载定义

点击"等值线"，弹出对话框，选择"弹性板"及"配筋"，即可查看在温度荷载作用下板的配筋，如图 7-24、图 7-25 所示。

① 配筋下的计算结果考虑了恒荷载＋活荷载＋温度荷载工况下的配筋值。

② 调整前和调整后的应力值是考虑了 0.3 的"收缩徐变的混凝土构件温度效应折减系数"。

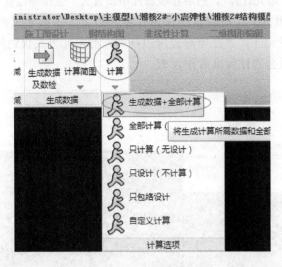

图 7-23　计算

图 7-24　等值线

③ 应力及内力解释如下：

应力分量解释：

Sig_{xx}：单元坐标系 x 轴方向轴向应力。

Sig_{yy}：单元坐标系 y 轴方向轴向应力。

Sig_{zz}：单元坐标系 z 轴方向轴向应力。

Sig_{xy}：单元坐标系 x-y 平面上的剪应力。

Sig_{yz}：单元坐标系 y-z 平面上的剪应力。

Sig_{xz}：单元坐标系 x-z 平面上的剪应力。

$\mathrm{Sig}_{\max}$：单元坐标系 x-y 平面上的最大主应力。

$\mathrm{Sig}_{\min}$：单元坐标系 x-y 平面上的最小主应力。

$\mathrm{Sig}_{\mathrm{eff}}$：von-Mises 应力。

$\mathrm{Max}_{\mathrm{shear}}$：单元坐标系 x-y 平面上的最大剪应力。

内力分量解释：

F_{xx}：作用在与局部坐标系 x 轴垂直平面内，单元局部坐标系 x 轴方向上的单位宽度轴力。

F_{yy}：作用在与局部坐标系 y 轴垂直平面内，单元局部坐标系 y 轴方向上的单位宽度轴力。

F_{xy}：单元局部坐标系 x-y 平面内（平面内受剪）的单位宽度剪力（$F_{xy} = F_{yx}$）。

$F_{\max}$：单位宽度最大主轴力。

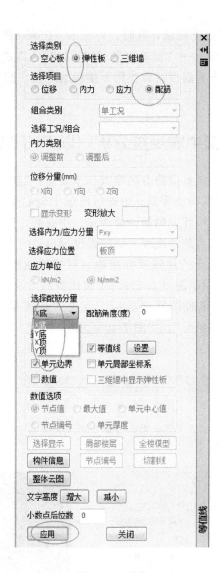

图 7-25 配筋

$F_{\min}$：单位宽度最小主轴力。

M_{xx}：作用在与局部坐标系 x 轴垂直平面内。绕 y 轴旋转的单位宽度弯矩（绕局部坐标系 y 轴的平面外弯矩）。

M_{yy}：作用在与局部坐标系 y 轴垂直平面内。绕 x 轴旋转的单位宽度弯矩（绕局部坐标系 x 轴的平面外弯矩）。

M_{xy}：作用在与局部坐标系 x-y 平面内，绕 x 轴旋转的单位宽度扭矩（$M_{xy}=M_{yx}$）

$M_{\max}$：单位宽度的最大主弯矩。

$M_{\min}$：单位宽度的最小主弯矩。

V_{xx}：作用在与局部坐标系 x 轴垂直平面内，单元局部坐标系 x 轴（厚度）方向上单位宽度的剪力。

V_{y}：作用在与局部坐标系 y 轴垂直平面内，沿单元局部坐标系 y 轴（厚度）方向上单位宽度的剪力。

在利用 PKPM 进行楼板温度荷载计算时，可点击"PMSAP 核心的集成设计"→"PM-SAP 分析设计"→"温度荷载"→"温差定义/温差指定"，点击"结构计算"，填写相关的参数后，即完成计算，最后查看温度荷载作用下楼板的应力、配筋。

7.8 如何进行剪力墙中震受拉分析（以 PKPM 为例)？

答：《超限高层建筑工程抗震设防专项审查技术要点》（建质〔2015〕67 号）第四章第十二条（四）：确定所需的延性构造等级。中震时出现小偏心受拉的混凝土构件应采用《高层建筑混凝土结构技术规程》中规定的特一级构造。中震时，当双向水平地震下墙肢全截面由轴向力产生的平均名义拉应力超过混凝土抗拉强度标准值时宜设置型钢承担拉力，且平均名义拉应力不宜超过两倍混凝土抗拉强度标准值（可按弹性模量换算考虑型钢和钢板的作用），全截面型钢和钢板的含钢率超过 2.5%时可按比例适当放松。

在完成中震弹性或者不屈服计算分析后，点击"计算结果"→"轴压比"/"轴拉比"→"设置"→"地震控制组合"，如图 7-26 所示。

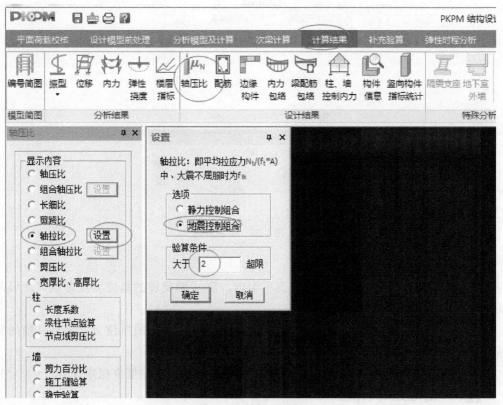

图 7-26 轴拉比设置

注：①计算数值小于 0.5 时无须处理，大于 0.5 时应设置型钢或钢板承担拉应力，但无须按弹性模量换算拉应力水平。

②红色数值墙肢拉应力大于 $2f_{tk}$，应设置型钢或钢板承担拉应力，且按弹性模量换算

后的拉应力水平应小于前述要求。

7.9 如何进行剪力墙中震受拉分析 (以 YJK 为例)？

在完成中震弹性或者不屈服计算分析后，点击"设计结果"→"偏拉验算"，如图 7-27、图 7-28 所示。

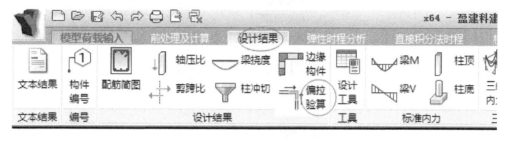

图 7-27 设计结果

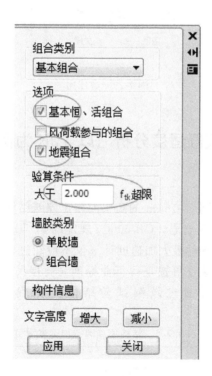

图 7-28 偏拉验算

7.10 如何进行大震抗剪分析 (以 YJK 为例)？

答： 在完成大震不屈服计算分析后，在计算结果栏中查看剪压比，如图 7-29 所示。显示红色表示不满足性能设计要求。

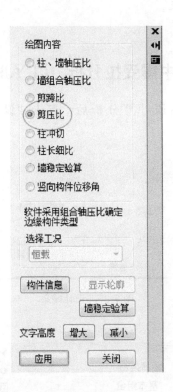

图 7-29 剪压比

7.11 如何进行楼板舒适度分析（以 YJK 为例)？

答： (1) 规范规定

《高规》**3.7.6** 房屋高度不小于 150m 的高层混凝土建筑结构应满足风振舒适度要求。在现行国家标准《建筑结构荷载规范》GB 50009 规定的 10 年一遇的风荷载标准值作用下，结构顶点的顺风向和横风向振动最大加速度计算值不应超过表 3.7.6 的限值。结构顶点的顺风向和横风向振动最大加速度可按现行行业标准《高层民用建筑钢结构技术规程》JGJ 99 的有关规定计算，也可通过风洞试验结果判断确定，计算时结构阻尼比宜取 0.01～0.02。

表 3.7.6 结构顶点风振加速度限值

使用功能	$a_{\lim}/(\mathrm{m/s^2})$
住宅、公寓	0.15
办公、旅馆	0.25

《高规》**3.7.7** 楼盖结构应具有适宜的舒适度。楼盖结构的竖向振动频率不宜小于 3Hz，竖向振动加速度峰值不应超过表 3.7.7 的限值。楼盖结构竖向振动加速度可按本规程附录 A 计算。

表 3.7.7　楼盖竖向振动加速度限值

人员活动环境	峰值加速度限值/(m/s²)	
	竖向自振频率不大于 2Hz	竖向自振频率不小于 4Hz
住宅、办公	0.07	0.05
商场及室内连廊	0.22	0.15

注：楼盖结构竖向自振频率为 2Hz～4Hz 时，峰值加速度限值可按线性插值选取。

《混规》3.4.6　对混凝土楼盖结构应根据使用功能的要求进行竖向自振频率验算，并宜符合下列要求：

　　1 住宅和公寓不宜低于 5Hz；

　　2 办公楼和旅馆不宜低于 4Hz；

　　3 大跨度公共建筑不宜低于 3Hz。

《高规》A.0.2　人行走引起的楼盖振动峰值加速度可按下列公式近似计算：

$$a_p = \frac{F_p}{\beta w} g \tag{A.0.2-1}$$

$$F_p = p_0 e^{-0.35 f_n} \tag{A.0.2-2}$$

式中　a_p——楼盖振动峰值加速度，m/s²；

　　　F_p——接近楼盖结构自振频率时人行走产生的作用力（kN）；

　　　p_0——人们行走产生的作用力，kN，按表 A.0.2 采用；

　　　f_n——楼盖结构竖向自振频率，Hz；

　　　β——楼盖结构阻尼比，按表 A.0.2 采用；

　　　w——楼盖结构阻抗有效重量，kN，可按本附录 A.0.3 条计算；

　　　g——重力加速度，取 9.8m/s²

表 A.0.2　人行走作用力及楼盖结构阻尼比

人员活动环境	人员行走作用力 p_0/kN	结构阻尼比 β
住宅、办公、教堂	0.3	0.02～0.05
商场	0.3	0.02
室内人行天桥	0.42	0.01～0.02
室外人行天桥	0.42	0.01

注：1. 表中阻尼比用于钢筋混凝土楼盖结构和钢-混凝土组合楼盖结构。

　2. 对住宅、办公、教堂建筑，阻尼比 0.02 可用于无家具和非结构构件情况，如无纸化电子办公区、开敞办公区和教堂；阻尼比 0.03 可用于有家具、非结构构件，带少量可拆卸隔断的情况；阻尼比 0.05 可用于含全高填充墙的情况。

　3. 对室内人行天桥，阻尼比 0.02 可用于天桥带干挂吊顶的情况。

（2）软件操作

点击"上部结构计算"→"楼板及设备振动"，如图 7-30 所示。

图 7-30　楼板及设备振动

　　点击"计算参数",如图 7-31 所示;点击"多楼层频率验算",如图 7-32 所示;点击"选择楼层",如图 7-33 所示;点击"荷载轨迹",绘制出楼板上的荷载轨迹;点击"人行",如图 7-34 所示,参数可按默认值。步行频率分布在 1.6~2.5Hz 范围内,步距为 0.75m,取单人行走,质量取 70kg。采用动力时程分析方法计算楼板振动峰值加速度,采用 IABSE 工程协会提供的参数,步行荷载频率为 2.0Hz。

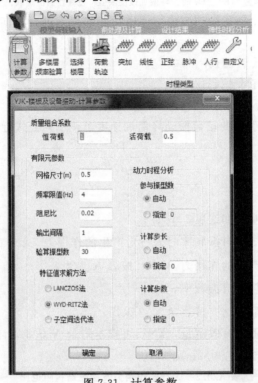

图 7-31　计算参数

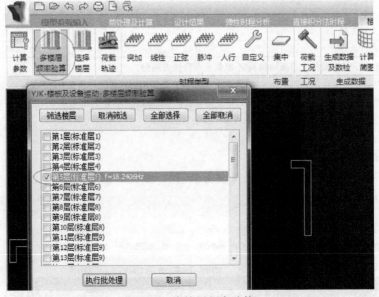

图 7-32　多楼层频率验算

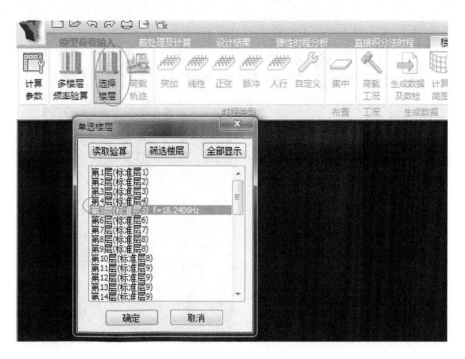

图 7-33 选择楼层

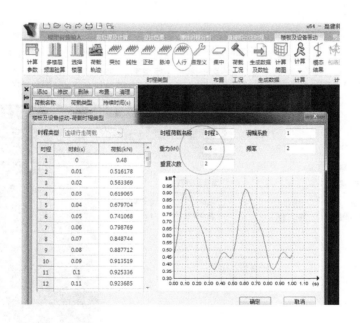

图 7-34 人行荷载时程类型

点击"集中",如图 7-35 所示;点击"荷载工况",定义新的荷载工况,如图 7-36 所示;点击"完成数据及数检"→"全部计算+(模态+动力)",即可完成计算,并可以查看相关的计算结果。

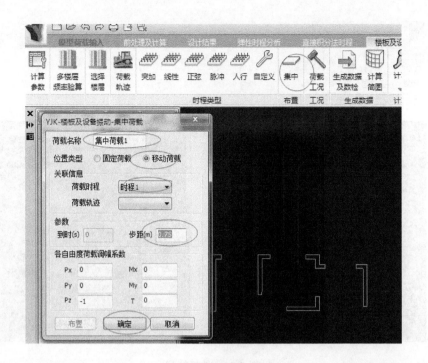

图 7-35 集中荷载

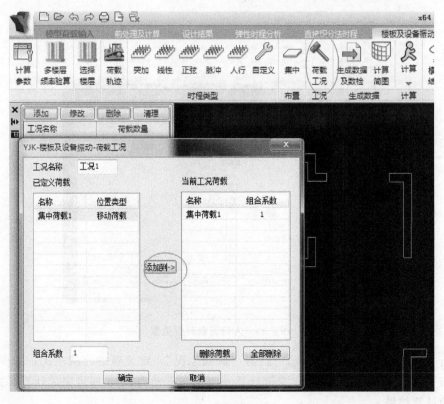

图 7-36 荷载工况

第**8**章

超限高层结构实操案例

8.1 概述

8.1.1 总体概况

××酒店项目位于××省××市，本项目由1栋结构主屋面高度200m的塔楼及高为20m的幕墙（包括4层屋顶机房构成的基座）组成。单栋塔楼建筑面积约12.7万平方米，地上48层，地下4层。其中6～35F为公寓用房，66F以上为酒店用房。

裙房：裙房与塔楼相连，地下4层，地上4层，主要为商业用房和车库。

8.1.2 安全等级与使用年限

安全等级与使用年限见表8-1。

表 8-1　安全等级与使用年限

项目	内容	项目	内容
建筑结构安全等级	二级	设计使用年限	50年
结构重要性系数 γ_0	1.0	建筑高度级别	超B级
建筑结构抗震设防类别	乙类	基础设计等级	甲级
设计基准期	50年	基础安全等级	二级

8.2 荷载

8.2.1 竖向荷载

楼面活荷载根据《荷规》取用，见表8-2。

表 8-2　楼面活荷载标准值

楼面用途	活荷载/(kN/m²)	楼面用途	活荷载/(kN/m²)
停车库、车库坡道	4	公寓/酒店	2
地下室顶板	4(覆土区域)、10(无覆土)	上人屋面	2
消防车道、登高面	20(覆土区域)、35(无覆土)	不上人屋面	0.5
电梯、通风、排烟机房，控制室	7	储藏室、档案室	12
发、变、配电机房，水泵房	10	餐厅、卫生间	2.5
避难层避难区	5	厨房(餐厅用)	4.0
避难层设备区	15	屋顶花园	3.0

续表

楼面用途	活荷载/(kN/m²)	楼面用途	活荷载/(kN/m²)
楼梯/电梯厅/前室	3.5	设备井	2
办公大堂/业务大堂	3.5	宴会厅	2.5
气瓶间	暂按 25		

8.2.2 风荷载

根据《荷规》《高规》以及××地区的经验，确定的关于风荷载基本计算参数如表 8-3 所示。

表 8-3 风荷载基本计算参数

项目	参数	项目	参数
地面粗糙度	B 类	承载力计算基本风压(50 年的 1.1 倍)	0.33kPa
顶点加速度控制基本风压(10 年)	0.20kPa	体型系数	1.4
位移控制基本风压(50 年)	0.30kPa	顶部幕墙体型系数	2.5

8.2.3 风荷载设计性能要求

（1）层间位移角限制

根据《高规》，主体高度为 210m，最大层间位移角限值为 1/650。

（2）舒适度要求

为确保高层建筑内使用舒适度，需验算风振引起的建筑物顶点最大加速度。水平舒适度计算方法可根据《荷规》的有关规定进行。根据《高规》3.7.6 条，结构顶点最大加速度限值如表 7-2 所示。

结构顶点风力加速度计算公式如下。

《荷规》附录 J 高层建筑顺风向和横风向风振加速度计算如下。

① 顺风向风振加速度

$$a_{D,z} = \frac{2gI_{10}\omega_R\mu_s\mu_z B_z\eta_a B}{m} \tag{8-1}$$

式中 $a_{D,z}$——高层建筑 z 高度顺风向风振加速度，m/s²；

g——峰值因子，可取 2.5；

I_{10}——10m 高度名义湍流度，对应 A 类、B 类、C 类和 D 类地面粗糙度，可分别取 0.12、0.14、0.23 和 0.39；

ω_R——重现期为 R 年的风压，kN/m²；

B——迎风面宽度，m；

m——结构单位高度质量，t/m；

μ_z——风压高度变化系数；

μ_s——风荷载体型系数；

B_z——脉动风荷载的背景分量因子；

η_a——顺风向风振加速度的脉动系数。

② 横风向风振加速度

$$a_{L,z}=\frac{2.8g\omega_R\mu_H B}{m}\phi_{L1}(z)\sqrt{\frac{\pi S_{F_L}C_{sm}}{4(\zeta_1+\zeta_{a1})}} \tag{8-2}$$

式中　$a_{L,z}$——高层建筑 z 高度横风向风振加速度，m/s^2；

　　　　g——峰值因子，可取 2.5；

　　　ω_R——重现期为 R 年的风压，kN/m^2；

　　　　B——迎风面宽度，m；

　　　　m——结构单位高度质量，t/m；

　　　μ_H——结构顶部风压高度变化系数；

　　　S_{F_L}——无量纲横风向广义风力功率谱；

　　　C_{sm}——横风向风力功率谱的角沿修正系数；

　$\phi_{L1}(z)$——结构横风向第 1 阶振型系数；

　　　ζ_1——结构横风向第 1 阶振型阻尼比；

　　　ζ_{a1}——结构横风向第 1 阶振型气动阻尼比。

舒适度验算结果见表 8-4。

表 8-4　舒适度验算结果

风向	$a_{D,z}/(m/s^2)$	$a_{L,z}/(m/s^2)$	$\alpha_{max}/(m/s^2)$
X 向	0.019	0.062	0.25
Y 向	0.020	0.062	

从上述结果看，结构在风荷载作用下的顶点峰值加速度均满足规范要求。

8.2.4　地震作用

根据《抗规》及工程地质勘察报告，地震分析和设计采用参数如表 8-5 所示。

表 8-5　地震分析和设计采用参数

项目	参数	项目	参数
抗震设防烈度	6 度	特征周期 T_g	0.35s
抗震措施烈度	6 度	小震阻尼比	0.05
设计基本地震加速度	$0.05g$	周期折减系数	0.90
场地类别	Ⅱ类		

根据《××花果园双子塔项目 D 区双子塔工程场地地震安全性评价报告》提供的安评报告，采用参数如表 8-6 所示。

表 8-6　安评报告参数

场地地面设计地震水平向影响系数

$$\alpha(T)\begin{cases} K+(\eta_2\alpha_{max}-K)T/T_1 & T<T_1 \\ \eta_2\alpha_{max} & T_1\leqslant T\leqslant T_g \\ \eta_2\alpha_{max}(T_g/T)^\gamma & T_g<T\leqslant<5T_g \\ \alpha_{max}[\eta_2 0.2^\gamma-\eta_1(T-5T_g)] & 5T_g<T\leqslant 10.0 \end{cases}$$

设防水准最大地震影响系数 α_{max} 和特征周期 T_g($T_0 = 0.1$s)			
设防水准	众值烈度	基本烈度	预估罕遇地震
50 年超越概率	63.2%	10%	2%
场地地震动加速度最大值	0.034	0.094	0.152
地震动加速度放大系数	2.5	2.5	2.5
地震影响系数 α_{max}	0.085	0.235	0.500
特征周期 T_g/s	0.45	0.55	0.55
反应谱衰减指数 γ	0.90	0.90	0.90

参考专家的意见，小震和中震采用的地震影响系数取安评报告场地地震动加速度最大值与放大系数 2.25 的乘积，特征周期按《抗规》及地质勘察报告取值；剪重比的限值宜按相同比例进行放大。

大震采用的地震影响系数按规范 6 度取值。根据上述综合，本报告在各设防水准下的地震动参数如表 8-7 所示。

表 8-7　地震动参数

设防烈度参数	地震影响系数最大值 α_{max}	特征周期 T_g/s
频遇地震(小震)	0.051	0.35
设防烈度地震(中震)	0.12	0.35
罕遇地震(大震)	0.28	0.40

8.2.5　荷载组合及折减系数

（1）作用效应组合

在抗震设计进行构件承载力验算时，其荷载或作用的分项系数应按表 8-8 取值，并应取各构件可能出现的最不利组合进行截面设计。

表 8-8　荷载或作用的分项系数

	组合	恒荷载		活荷载		风荷载	水平地震
		不利	有利	不利	有利		
1	恒荷载＋活荷载(恒载控制)	1.35	1.0	0.7(1)×1.4	0.0	—	—
1a	恒荷载＋活荷载(活载控制)	1.2	1.0	1.4	0.0	—	—
2	恒荷载＋活荷载＋风	1.2	1.0	0.7(1)×1.4	0.0	1.0×1.4	—
2a	恒荷载＋活荷载＋风	1.2	1.0	1.0×1.4	0.0	0.6×1.4	—
3	重力荷载＋风荷载＋水平地震	1.2	1.0	0.5×1.2	0.0	0.2×1.4	1.3

（2）各层楼盖的活荷载折减系数

在设计墙、柱及基础时，办公室的活荷载可按规范折减，按表 8-9 取值。

表 8-9　活荷载折减系数

墙、柱、基础计算截面以上的层数	1	2~3	4~5	6~8	9~20	>20
计算截面以上各楼层活荷载总和的折减系数	1.00(0.90)	0.85	0.70	0.65	0.60	0.55

注：当楼面梁的受荷面积超过 25m² 时，采用括号内的系数。

8.3 计算软件与分析方法

8.3.1 计算软件

本工程采用以下软件进行计算分析：

① PKPM 系列的 SATWE 模块（2010 版）；

② Etabs2012；

③ Sap2000（V15.2）；

④ Perform3D（V4.0.3）；

⑤ Abaqus（6.7 版）。

8.3.2 分析方法

（1）振型分解反应谱

常遇地震的反应谱分析，采用 SATWE 和 Etabs 进行对比计算，对结构整体指标互相复核，确保各项指标满足规范要求。SATWE 做刚性楼板假定计算整体反应结果，Etabs 建立弹性楼板，核算各工况下楼板应力。

（2）弹性时程分析

小震时程分析采用 SATWE 进行计算，分析结构在地震波作用下的反应，并将楼层剪力与 CQC 包络结果进行对比，将高阶振型对楼层剪力的影响反映到设计过程中。

（3）中震屈服判别

采用 SATWE 进行中震屈服判别，分析结构在偶遇地震下的工作情况。通过不同的参数设定，分别验算中震不屈服和中震弹性两种工况，复核不同构件的中震性能水准，作为调整构件截面、配筋的设计依据。

（4）大震弹塑性时程分析

采用 Perform3D 进行动力弹塑性时程分析，分析结构在罕遇地震下的变形、构件塑性发展、分布情况，验证大震不倒的整体目标和各类构件的大震性能水准。

8.4 结构超限检查、抗震性能目标

8.4.1 结构高度超限检查

塔楼结构主屋面高度 210m，为 B 级高度，超限；高宽比约 4.75，小于规范限值的高宽比 7。

8.4.2 结构一般规则超限检查

结构一般规则超限检查见表 8-10。

表 8-10　结构一般规则超限检查

项目	超限类别	超限程度判断		备注
1a 扭转不规则	考虑偶然偏心的扭转位移比大于 1.2	有,1.2<底部 4 层<1.5	√	同时有三项及三项以上不规则的高层建筑
1b 偏心布置	偏心率大于 0.15 或相邻层质心相差大于 15%	有,底部 4 层为 15.5%	√	
2a 凹凸不规则	平面凹凸尺寸大于相应边长 30%	无		
2b 组合平面	细腰形或角部重叠形	无		
3 楼板不连续	有效宽度小于 50%,开洞面积大于 30%,错层大于梁高	宴会厅层开洞面积 35%	√	
4a 刚度突变	楼层刚度不宜小于相邻上层侧向刚度的 90% 或 1.1 倍(层高大于相邻上部楼层 1.5 倍)	无		
4b 尺寸突变	缩进大于 25%,外挑大于 10% 和 4m	无	√	
5 构件间断	上下墙、柱、支撑不连续,含加强层	5 层斜柱转换	√	
6 承载力突变	相邻层受剪承载力变化大于 75%	5 层斜柱转换,40 层机电夹层		
7 其他不规则	如局部穿层柱,个别构件错层或转换	无		

8.4.3　结构严重性超限检查

结构严重性超限检查见表 8-11。

表 8-11　结构严重性超限检查

项目	超限类别	超限程度判断	
扭转偏大	楼层扭转位移比大于 1.4	无	不超过
扭转刚度弱	扭转周期比大于 0.9,混合结构大于 0.85	无	
层刚度偏小	本层侧向刚度小于相邻上层的 50%	无	
高位转换	框支转换构件位置:7 度超过 5 层	无	
厚板转换	7~9 度设防的厚板转换结构	无	
塔楼偏置	单塔或多塔与大底盘的质心偏心距大于底盘相应边长的 20%	无	
复杂连接	各部分层数、刚度、布置不同的错层或连体结构	无	
多重复杂	结构同时有转换层、加强层、错层、连体和多塔类型的 2 种以上	无	

根据《超限高层建筑工程抗震设防管理规定》《超限高层建筑工程抗震设防专项审查技术要点》的相关规定,该塔楼建筑属于特别不规则高层建筑结构,应报省超限高层建筑工程抗震设防专项审查。

8.5　结构抗震性能目标

根据本工程的超限水平和结构特点,将对抗侧构件实施全面的性能化设计,见表 8-12。根据工程的场地条件、社会效益、结构的功能和构件重要性,并考虑经济因素,结合概念设计中的"强柱弱梁""强剪弱弯""强节点弱构件"和框架柱"二道防线"的基本概念,制定本工程塔楼的抗震性能目标为 C 级。其中考虑到裙房的不规则性,为了提高裙房高度范围内核心筒的延性,本工程底部加强区的高度提高到裙房屋面。

表 8-12　结构抗震性能设计

地震烈度(重现周期)	多遇地震($T=50$ 年)	设防烈度地震($T=475$ 年)	罕遇地震($T=2475$ 年)
宏观描述	完好	轻度损坏	中度损坏
层间位移角限值	1/650	—	1/100

地震烈度(重现周期)		多遇地震 (T=50 年)	设防烈度地震(T=475 年)	罕遇地震 (T=2475 年)
关键构件	底部加强区核心筒剪力墙	弹性	抗剪弹性,抗弯不屈服	抗弯不屈服,抗剪 不屈服
	塔楼底部加强区型钢混凝土柱	弹性	弹性	
	斜柱上下端所在楼层的外框架	弹性	弹性	
普通竖向构件	关键构件以外的竖向构件	弹性	抗剪弹性,抗弯不屈服	部分屈服,控制剪压比
耗能构件	框架梁	弹性	少量抗弯屈服,抗剪不屈服	部分屈服,控制剪压比
	核心筒连梁	弹性	少量抗弯屈服,抗剪不屈服	屈服,控制剪压比
	楼板	弹性	不屈服	—

8.6　针对超限内容的措施

为了满足抗震设防性能目标,设计采取的主要措施如下:

① 采用两个软件 SATWE、Etabs 进行整体分析,并对结果进行对比;

② 采用弹性时程分析与振型分解反应谱法进行对比,进行包络设计;

③ 采用 Perform3D 进行大震下的动力弹性时程分析,验算罕遇地震下的层间位移角;

④ 对结构进行性能化抗震设计,满足小震、中震和大震的相应性能水准;

⑤ 对斜柱转换层楼板应力分析,找到应力较大部位进行加强;

⑥ 对斜柱转换层框架的内力进行详细分析。

8.7　针对超限的抗震构造加强措施

① 底部加强部位高度:按《高规》7.1.4 条可取墙肢总高度的 1/10 (和底部 2 层的较大值)。结合本工程项目的特点,将底部加强部位设在第 7 层,即 37.650m 标高 (高于 $1/10 \times H$=21.000m) 处。

② 抗震等级:筒体一级,框架一级;斜柱转换层为 5 层框架,等级为特一级,筒体为一级。

③ 轴压比控制:底部加强区剪力墙控制在 0.5 以下;型钢钢筋混凝土控制在 0.65 以下,钢筋混凝土柱 (井字复合箍全高加密) 控制在 0.85 以下,钢筋混凝土柱 (普通复合箍) 控制在 0.75 以下。

④ 底部加强区墙柱及斜柱转换层与斜柱连接框架:按中震弹性复核。

⑤ 受底部裙房影响,底部 4 层的扭转位移比大于 1.2,但小于 1.4,存在扭转不规则。设计中考虑扭转影响,并加强裙房与塔楼连接部位梁、板的截面尺寸和配筋。

⑥ 构造措施参照《高规》B 级高度框架-核心筒结构及《高规》一级构件设计规定的要求。

8.8　根据中震分析结果的构造加强措施

① -1~7 层核心筒剪力墙及柱正截面承载力及剪力按中震不屈服复核,抗剪承载力按

中震弹性复核；－1～7层型钢混凝土柱正截面承载力按中震弹性复核，抗剪承载力按中震弹性复核。

② 斜柱上下端所在楼层的外框架正截面承载力按中震弹性复核，抗剪承载力按中震弹性复核。

③ 连梁、框架梁抗震承载力按中震不屈服复核。

8.9 根据大震动力弹塑性分析结果的构造加强措施

根据 Perform3D 验算结构在大震作用下的工作性能，大部分框架柱、核心筒处于 IO 性能点以内，部分框架梁进入屈服阶段并在 LS 性能点以内，多数连梁进入屈服阶段并在 LS 性能点以内。所有构件均未发生脆性破坏，结构的整体性能满足生命安全（LS）的要求，不需要采取特别加强措施。

8.10 结论

① 对两个不同的弹性分析程序 SATWE、Etabs 进行分析对比，互相校核结果，确保结构整体计算指标准确可靠，确保构件分析条件一致。计算结果表明小震各项指标满足规范要求。

② 采用 SATWE 进行小震弹性时程分析，输入安评报告提供的 5 组天然波和 2 组人工波，7 组地震波基底剪力平均值接近 CQC 结果，CQC 楼层剪力和层间位移角结果比时程分析大，CQC 结果可以作为配筋计算的依据。

③ 通过调整平面布局和构件设计，控制结构扭转/平动周期比小于 0.85，且在规定水平力作用下塔楼扭转位移比小于 1.3。

④ 采用 SATWE 进行中震屈服判别，验算底部加强区所有剪力墙的中震性能，通过对比暗柱配筋和剪力墙抗剪验算，实现剪力墙中震压弯不屈服和抗剪弹性的性能目标；少量框架梁和连梁出现中震超筋。

⑤ 用 Perform3D 进行了结构在大震作用下的弹塑性动力时程分析。两个程序得到的结构弹塑性反应规律相似，构件发生损伤破坏的顺序和分布规律相同，连梁和框架梁出现弯曲塑性铰，梁端塑性铰在各个楼层分布较为均匀，而柱和剪力墙在大震下未出现塑性铰或钢筋不发生屈服；最大层间位移角小于 1/100，满足规范要求。

⑥ 采用 Etabs 软件对楼板进行了应力分析。按照楼板应力分析结果，将转换层处的楼板采用 150mm，采取双层双向配筋的方式加强，小震下控制楼板应力小于混凝土抗拉强度设计值，中震下控制换算的钢筋应力小于屈服强度。分析表明，中震下，敏感位置的楼板名义剪应力满足最小抗剪截面要求。

⑦ 通过小震弹性分析、中震屈服判别、大震弹塑性分析以及各项专题的分析结果，本工程可以实现"小震不坏、中震可修、大震不倒"的设防目标和各类构件性能目标。

参 考 文 献

[1] GB 50010—2010. 混凝土结构设计规范.

[2] GB 50011—2010. 建筑抗震设计规范.

[3] JGJ 3—2010. 高层建筑混凝土结构技术规程.

[4] GB 50009—2012. 建筑结构荷载规范.

[5] JGJ 94—2008. 建筑桩基技术规范.

[6] JGJ 99—2015. 高层民用建筑钢结构技术规程.

[7] DBJ 15—92—2013. 高层建筑混凝土结构技术规程.

[8] 姜学诗. 混凝土结构设计问答实录. 2 版. 北京：机械工业出版社，2016.

[9] 中国建筑科学研究院 PKPM CAD 工程部. SATWE（2010 版）用户手册及技术条件. 北京：中国建筑工业出版社，2010.

[10] 杨学林. 复杂超限高层建筑抗震设计指南及工程实例. 北京：中国建筑工业出版社，2014.

[11] 北京迈达斯技术有限公司. midas Gen 工程应用指南. 北京：中国建筑工业出版社，2012.

[12] 王昌兴. MIDAS/Gen 应用实例教程及疑难解答. 北京：中国建筑工业出版社，2010.

[13] 北京迈达斯技术有限公司. midas Building 从入门到精通. 北京：中国建筑工业出版社，2011.